TOP明星美妆术

不同场合、时间、地点的化妆技巧

日本星尘通讯编辑部　编著
王昕昕　译

辽宁科学技术出版社
· 沈阳 ·

引　言

每天早晨，对着镜中的自己你在想什么？你是抱着怎样的心情给自己化妆的呢？为了展现女性的修养与魅力，还是为了掩盖脸部的小瑕疵，抑或是想让自己变得更美丽？

是从心底享受“化妆”这件事吗？

精致的妆容能够让女人更靓丽也更加迷人。

妆容不必每日重复，根据场合与需要面对的人的不同，为自己化上适合的妆容吧！

化妆的目的不只在于遮瑕和掩饰缺点，也不是单纯为了追求完美，相比较之下，更重要的是彰显“个性”做想要的自己。

抱着这样积极的心态来对待化妆，一定会令你每天充满活力！

本书针对“化什么样的妆容”、“如何变妆”等问题，介绍了日本炙手可热的明星模特们是如何利用化妆来展现出她们风情万种的美丽容颜的。

她们完美大变身的秘密就在于把握住了妆容在美学上的平衡点。

在妆容上一味地做加法并不足道，懂得把握平衡，适时地做加减法才是关键。

这些化妆技巧将在本书中为你一一道来。只要掌握了这些美妆技巧，每一个平凡的女孩都能如明星般闪亮。让这本书带你尽情享受美妆世界的乐趣吧！

Contents

目　录

长谷部瞳小姐

越智千惠子小姐

小辣小姐

胁田惠子小姐

高梨临小姐

北川景子小姐

用三个造型演绎自己

清纯

可爱

高贵

简　历

1986年8月22日出生于日本兵库县。以模特身份出道，后参演电影、电视剧，接拍广告，在日本娱乐圈非常活跃。她主演的电影有《间宫兄弟》、《变身西装》和《盛夏的猎户座》等，此外，她还参演了多部电视剧，其代表作有《零秒出手》等。她的近期作品有《一眼瞬间、再见爱》、《通往死刑台的电梯》以及《天堂之吻》等。

A 妆容

做一个内外兼修的女人

清纯

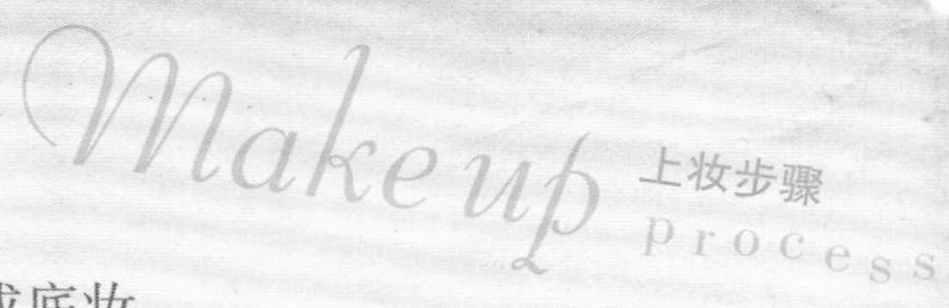

1 选择能提亮肤色的粉底来完成底妆

想要使肌肤看起来水润光泽，推荐你选用一款保湿效果好的粉底液。用指腹晕开后，记住要用化妆海绵轻轻拍打使之服贴。

2 眉笔+眉刷 画出自然美眉

选择比眉毛本身颜色亮一些的褐色眉笔，将眉心与眉尾等部分描浓。描完后用眉刷横向将眉毛理顺。

3 在眼窝处打上高光

选择有亮粉的浅色系眼影，在整个上眼睑打上高光，使眼部闪亮突出。

4 四个步骤让你的目光更加深邃

先用黑色的眼线笔按照内眼角至眼尾的方向画眼线。然后用黑色啫喱状眼线笔将之描黑描浓。接着用灰色系眼影沿双眼皮处画上眼影。最后，用眼线液从头至尾再画一次眼线，注意眼尾处稍粗。这四个步骤完成后，可以让你的目光变得更加深邃。

5 眼线笔和睫毛液帮你提升下眼睑的存在感

画下眼线时，只需从内眼角画至瞳孔下方的1/3处，其余的2/3处则通过睫毛液来增加眼睛的电力。最后，考虑到眼部整体的妆容，在眼尾处画上褐色眼影，与上眼睑相呼应。

6 涂睫毛液时要从根部涂起，使睫毛自然卷翘

用黑色的纤长睫毛液从根部涂起，睫毛液涂均匀后，用睫毛夹沿睫毛根部将睫毛夹住，使睫毛自然卷翘。

7 裸色唇彩的用法

唇彩选用裸色。用唇刷将唇彩点在唇部中央后再慢慢晕开。

8 最后一步——增加面部血色

正如唇部色彩一样，这款妆容非常低调。选择的色彩都是近似于肤色的亮色系。所以，为了与眼部妆容及整体色调一致，最好选用珍珠粉系来提亮。

潮人私藏

北川景子小姐的评价

衣服与我平常所穿的服装类似，简单的剪裁加上棉布质地，妆容也与我平常工作时的妆容相差无几，所以非常地放松。

坚强、美貌的女子。
朝着自己的理想而努力！做一个内外兼修的女人！

妆容 B

做一个人见人爱的女人

可爱

脱离一段痛苦恋情的率性女子的完美蜕变。
变身为充满爱心的快乐女性。

北川景子小姐的评价

这款妆容想要表达的是女孩心中的男孩子气，所以，我觉得应该把头发束起来。另外，橙色的腮红我非常喜欢。

潮人私藏

Make up process 上妆步骤

1 用粉底液打底

选择一款保湿的粉底液来完成底妆。

2 眉毛稍稍画粗使之自然随意

将眉毛梳顺后，选择与眉毛颜色相同的眉粉，用眉刷将眉毛纵向描粗描浓。

3 注重眼影的质感

选用与肤色相近的眼影，将之均匀画在眼睑处，提升肌肤质感。

4 上眼线尽量画得自然大方

用黑色的眼线液沿睫毛根部画上眼线，尽量画得细长自然。

5 下眼线让眼睛更加闪亮

在眼尾至内眼角方向2/3的部位画上银灰色的眼影。为了达到视觉上的审美效果，眼尾处画深一些，而内眼角的部位则画得浅一些。

6 增加睫毛的卷翘感

粘上假睫毛，增加卷翘感。下睫毛的部分也都要用睫毛液涂黑，上下呼应。

7 腮红是重点。色调是关键

腮红是这款妆容的亮点，不能太过随意。最好选用含有珍珠亮粉的橙色腮红，打腮红的时候按照从脸颊中央向外侧的顺序进行。如果腮红打得过浓，可以用粉扑将之晕开。

8 选用浅色口红

先选择一款与底妆颜色相似的唇膏，涂抹时用指腹晕开使唇部线条模糊。接着再用米色系的唇彩在唇部中央涂上薄薄的一层。

C 妆容
做一个自由不羁的女人

高贵

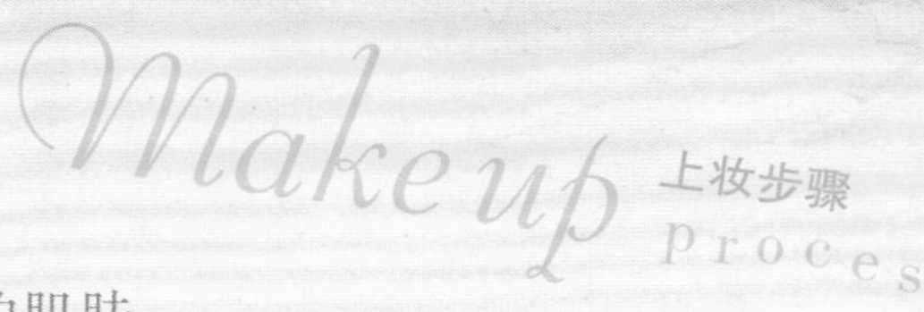

1 优质粉饼为你带来光滑细腻的肌肤

整个面部均匀抹上一层粉底液后，再扑上一层粉，使色调变暗，这是关键所在。这款妆容有种低调的奢华的意味，重在凸显眼部及唇部。

2 向上梳理的眉毛显得酷劲十足

要想使自己看起来像个酷劲十足的熟女，就要在眉毛上下功夫。选择一款与眉毛颜色相近的染眉膏，并用眉刷将眉毛往上梳顺。最后，再轻轻扫上一层眉粉。

3 按照由深至浅的顺序画眼影

在眼窝处画上含有珍珠亮粉的金棕色眼影，使之呈现出自然的层次感。接着，在眼周至眼窝中央处再涂一层棕色的眼影。最后，在双眼皮处描上一层深棕色的眼影，使眼部突出。

4 眼尾的假睫毛是关键

在上眼睑的眼尾1/3部位粘上假睫毛，加强眼部的延伸感。用黑色的睫毛膏将睫毛从根部开始涂黑。然后，在粘假睫毛的这个部分再描上一层棕色眼影，食指看上去自然。最后，用黑色的眼线液按照从内眼角至眼尾的方向画上眼线，使眼部更加凸显。

5 展现唇部优美轮廓

用棕色唇彩描出唇部轮廓，再由外而内使之晕开。接着再涂上一层米色唇彩，最后，抹上一层透明唇油。

6 腮红协调眼部与唇部的妆容

从太阳穴至颧骨处轻轻扑上珊瑚色的腮红，使之晕开。在脸颊处打上阴影，使脸部轮廓更加明显，这款妆容比较适合熟女。

北川景子小姐的评价

这个造型的妆容以及发型都不是我平时的样子，所以感觉非常新鲜！发髻与假睫毛让人感觉这是个酷劲十足的女子。

潮人私藏

释放体内的能量，所有人都为她着迷！
忠于自己，绝不委曲求全。

Keiko Kitagawa

番外篇

隐私大公开！北川景子特集

“合适的妆容能够让我更贴近角色，让我在不同的角色中自由转换”

在演绎了各种类型的迷人角色后，北川景子小姐作为优秀女演员大放光彩。
优雅、充满女人味又不失个性的她足以迷倒众生。

最近，北川景子非常喜欢去体育馆健身。据说每周都会去两三次。“我从去年12月中旬开始去体育馆健身。拍完《零秒出手》后，我就放松下来，所以不知不觉就长胖了。为了不让体重继续增加，我大概每隔一天就去健身一次。听别人说运动之前最好先泡澡，所以我现在也开始泡澡了。以前我很怕烫，能坚持20秒就不错了（笑），但是现在我觉得一边泡澡一边听音乐是件非常享受的事，能够让人身心放松”。

身体锻炼的同时，北川也开始调整她的饮食习惯。

“自从我意识到饮食的重要性以后，就开始尽量自己下厨。我是肉食爱好者，但是我尽量克制自己，在饮食中尽量多吃鱼肉和能够改善贫血的甘蓝。另外，茄子和蘑菇也是我的大爱，经常吃。我会做的菜都是简单的炒菜、炒饭和味增汤这类的东西（笑）。对于喝的东西，我也开始注意了。以前经常喝咖啡，但我现在尽量控制在每天一杯。另外，还养成了喝温水的习惯。现在我觉得自己的身体非常通畅”。

虽然改变了许多生活上的习惯，但是我们看到的仍然是自然大方的北川景子。

“我原本是个非常好吃的人，不会刻意控制自己的食量，总觉得运动运动就能消耗下去。我还经常出去吃。比起一个人形单影只，我更愿意与朋友一边聊天一边大快朵颐”。

美容方面，把握好度是关键。

“虽说我的性格是大大咧咧的（笑），但是我晚上睡觉前一定会把妆卸干净。我的皮肤属于干燥型，所以只在晚上用洗面奶洗脸，早上则用清水洗脸。肌肤很容易产生依赖性，所以我洗完脸后，一般只擦一下爽肤水和乳液。要说有什么特别的美容保养法，那就是我妈妈通过电视购物买来的滚筒式美容机。泡澡或是看电视的时候都可以使用，非常方便，而且效果不错。有时候，去拍摄的途中，我还会把它放在车子上用，很有意思（笑）”。

那么，北川景子的有哪些减压放松的方法呢?

“不出门的时候我会让自己处于彻底放松的状态。换上舒适的家居服，头发随意绑上，读读书、看看电影或是听听音乐，跟我的猫咪嬉戏，这些都是不错的放松减压法。偶尔，还会在屋子里点香熏，我喜欢桉树精

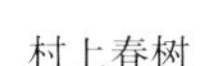
村上春树

《东京奇谭集》

Ladygaga
《THE FAME MONSTER》

泡澡剂基本上都是玫瑰香系的。淡淡的香味能让人放松。

油，非常清爽的味道”。

在这次拍写真的过程中，我们再一次感受到了北川的魅力。以三款不同的妆容将三种风格迥异的女性形象淋漓尽致地展现出来。在北川的眼中是怎样看待化妆的呢?

“对我来说，化妆是让我在事业中大放光彩的好帮手，还能够让我更加自信。合适的妆容会让我觉得更加贴近所要演绎的角色。为杂志拍照也是一样。”一早来到工作室的时候，我还会对自己抱有怀疑“我真的可以吗?”，但是一旦画好妆我就变得自信起来，“现在我可以胜任”，就好像被打开了开关一样。平常出门的时候，我只画淡妆（笑），但是如果是电影或电视剧的杀青会或是记者会，那我就会重视起来，尽量将自己美好的一面展现出来。”

北川会留意国外走红毯的明星们的妆容，向化妆师、造型师提出她的想法。她说这样能提高作为女演员的自我意识。如此这般的北川，她心中理想的女性形象是什么样的呢?

“我最喜欢斯嘉丽・约翰逊。她在所有作品中都能保持自己独有的特色，酷酷的，我非常欣赏她”。

北川也拥有众多的女性粉丝。率直男孩子气的个性很迷人，但更加吸引人的是她对待角色的专注用心。认真对待每件事，演技日臻成熟的她想成为什么样的女演员呢?

“我想作为演员，要根据角色和工作的不同而不断做出转变，为喜欢我的人不断带来惊喜。”

最后，我想告诉大家：“我以前也为自己的小眼睛、厚嘴唇烦恼过，甚至一度不愿意出门。但是，如果你能找到适合自己的妆容，那么每个女孩子都能绽放出最美的光彩。我要好好研究一下这本书，找到适合我自己的那款妆容！”

“饮食生活比以前更加健康。有意识地多吃甘蓝和蘑菇这些有利健康的食物。在房间里为自己做香熏时，多选择桉树精油这类清爽的精油。”

《保姆日记》

“虽然我不太喜欢看以女主人公为中心的电影，但是斯嘉丽的作品除外。《保姆日记》我尤其喜欢，即使小恶魔的魅力被封印，却仍然能够看到她独有的魅力”。

“对我来说，化妆是让我在事业中大放光彩的好帮手，还能够让我更加自信。”

Rie

理衣小姐

有指向性的妆容总免不了要学一些妆容技巧

♥简 历♥

1980年8月14日出生于日本东京都。喜欢旅游。身兼数职，既是杂志、广告模特，也是电影演员。现在是集英社《BAILA》的专属模特。

妆容 A

结婚酒宴上的第二女主角

可爱的准新娘妆

妆容 C

妆容 B

分手前的最后印象妆

打败色迷迷的上司妆容

妆容 D

保持高贵优雅的姿态

结婚酒宴上的第二女主角

选择能够突出女人味的粉色系彩妆，化妆时尽量使面部妆容柔和。柔美的妆容再加上优雅的波浪卷发，绝对会让男士们目不转睛！

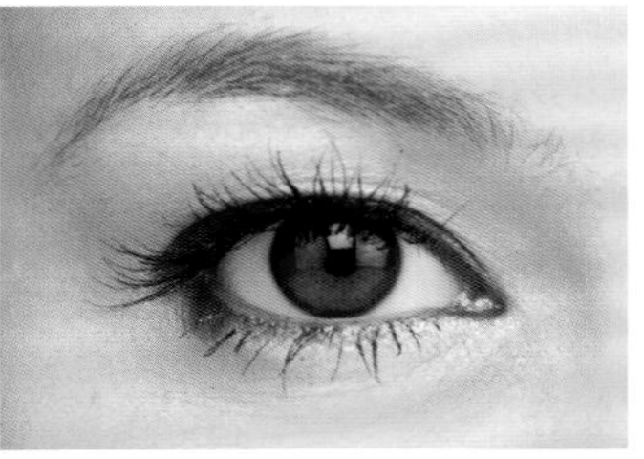

眉毛

高雅美丽的眉形

选择与眉毛颜色相近的棕色眉笔，将眉毛稀疏的部位描浓，眉形呈柔和的拱状。眉尾在鼻翼与眼尾的延长线上最佳。

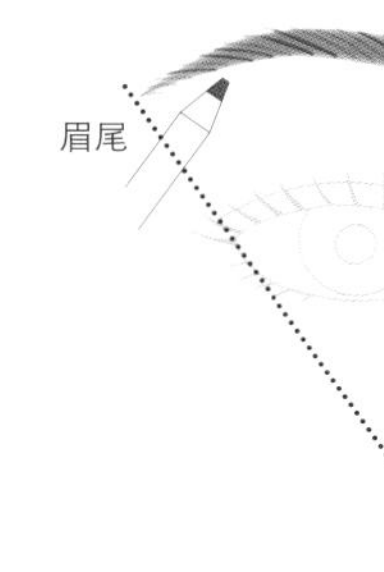

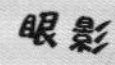

眼影

粉色眼影打造华丽妆容

❶在眼窝处涂上粉色的眼影。❷在上眼睑的中间部位纵向打上亮粉色的眼影，增加视觉上的立体感。❸用深色眼影在睫毛根部画上眼线。瞳孔上方画得略粗，这是关键所在。❹下眼睑眼尾起1/3的部位也画上深色眼线，使整个妆容更加华丽。

详细步骤参照 P34 化妆课程 A

眼窝
❶粉色
❷亮粉色
❸深色眼影
❹

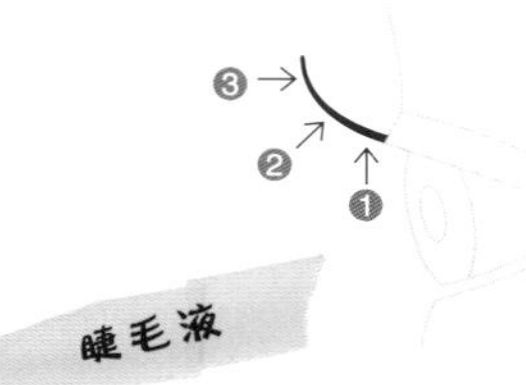

睫毛液

用纤长睫毛液将睫毛刷成有弧度的扇形

涂睫毛液时分成：❶睫毛根部；❷睫毛中部；❸睫毛末梢三个步骤，从根部刷起，不可马虎。手持睫毛刷，依靠手腕的力量，将睫毛液均匀刷于睫毛上。具有纤长效果的黑色睫毛液刷上去会有加长的效果。将睫毛刷成有弧度的扇形即可。

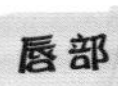

唇部

展现包容力的唇部妆容

❶用玫瑰色的唇彩勾勒出唇部轮廓。上唇的线条不要过于棱角分明，圆润柔和为佳。轮廓中的部分则用同色的唇彩涂抹均匀。❷最后，涂一层金粉色的唇彩在图示中的心形部分。

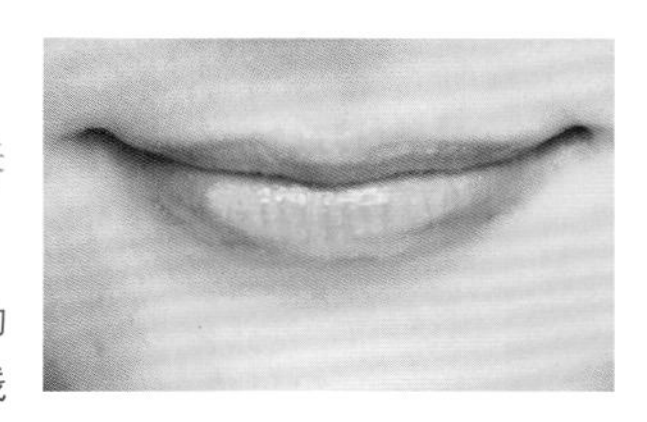

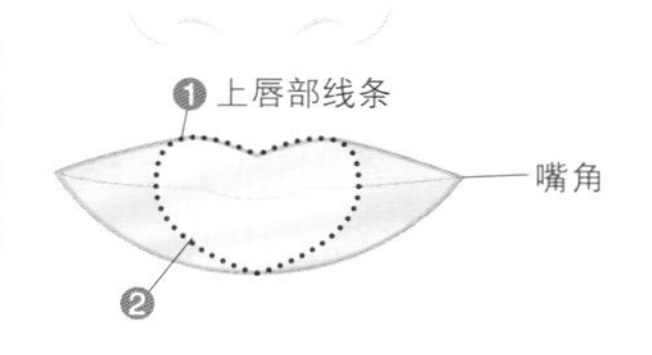

脸颊

选择有光泽的腮红

考虑到派对场所的室内光线效果，选择一款有光泽度的粉色腮红。画腮红的时候，以颧骨为中心，横向扑上腮红，让肌肤呈现出玫瑰般的诱人色彩。

高光

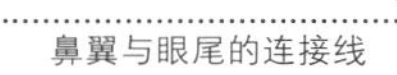

场景：

婚礼的主角：新娘是空中乘务员，新郎是知名医院的副院长。所以，来参加他们婚礼的大多是飞行员、医生、律师等有身份的人物。我被邀请在结婚典礼上发表感言，这可是个艰巨的任务！但是绝对难不倒我。穿上华丽高雅的小礼服，化一个展现100%女人味的奢华妆容，再加上发自肺腑的发言，一定能抓住宾客的眼球。我要做婚宴上的第二女主角！

眼线液完美呈现眼部细长线条

分手前的最后印象妆

妩媚的双眼、性感的双唇、高高束起的马尾都会深深刻在他的脑海里！

眼影

用眼影营造立体感

❶为了使眼影颜色自然，先在眼睑处涂一层底色，然后再将金色的眼影涂在眼窝处。❷沿双眼皮处涂上一层棕色眼影。眼尾略浓略粗一些，可增强立体感。

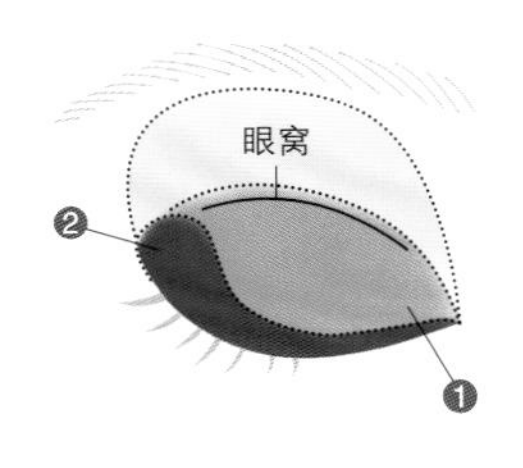

眼线

让他印象深刻的妩媚眼神

❶用黑色的眼线笔从内眼角至眼尾画上眼线。画眼线时，沿睫毛根部画均匀。❷再用黑色眼线液将瞳孔至眼尾处的眼线描浓描粗。❸下眼睑处则用棕色眼影沿睫毛根部画上眼线，使眼睛变得立体。

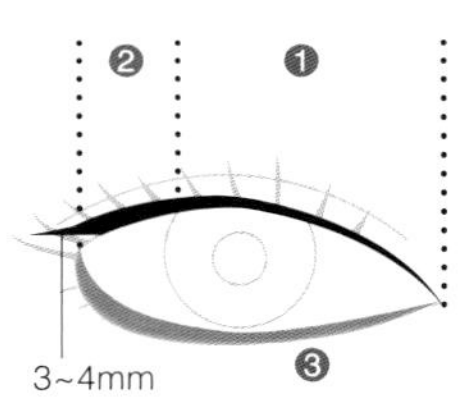

眉毛

眉峰冷峻，表达分手的决心

❶用闪亮的棕色眉笔描眉，按照1–2的顺序描画眉峰。眉尾在鼻翼与眼尾的延长线上。❷眉峰至眉尾近似直线，眉头至眉峰则自然勾画。拱状的细眉让面部轮廓更加优美。

详细步骤参照 P34 化妆课程 B

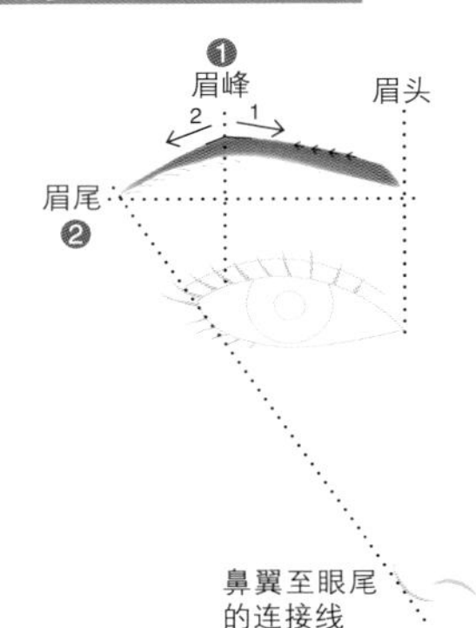

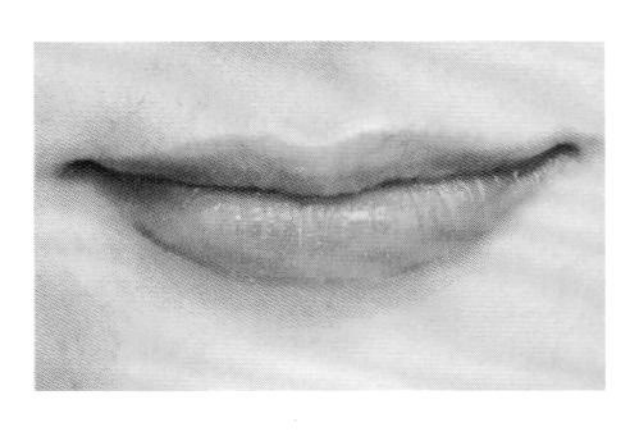

唇部

性感饱满的双唇

❶用橙色的唇彩勾画出唇部线条。描画时稍稍延伸1~2mm效果更好。❷唇部线条勾画完成后，在唇部轮廓内涂上亮橙色的唇彩，使唇部看上去光泽有弹性。

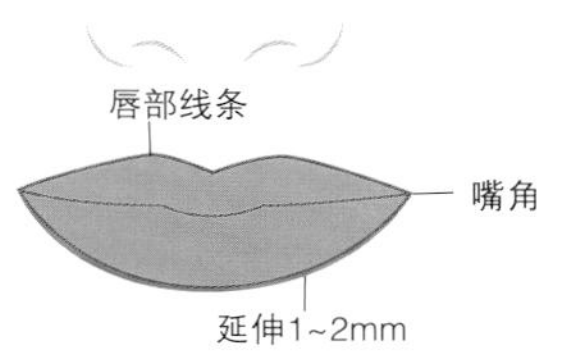

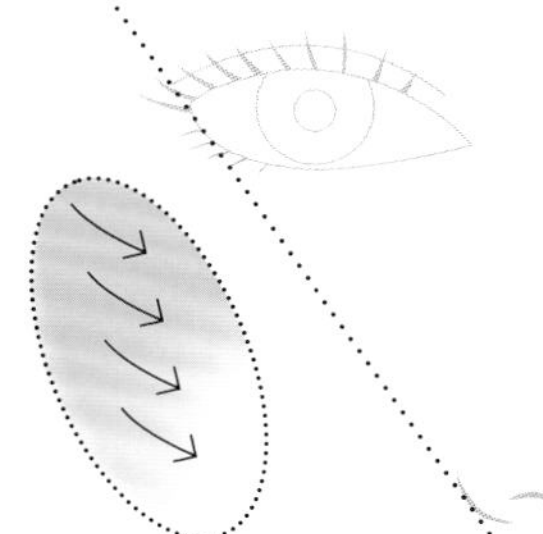

脸颊

亲切自然又不失锋芒

选用橙色的腮红，从脸部轮廓外侧向内侧下方打上腮红，使五官变得立体有锋芒。

场景：

学生时代便开始交往的他与我同龄，毕业后他考上了公务员，接着就去地方上任职了。之后的两年，我们虽然维持着远程恋爱，但是约会次数、联络次数却越来越少。就在我感觉我们的未来越来越渺茫的时候，公司的前辈向我展开追求，他不仅外形好而且职业前景乐观，让我不禁想“难道这才是我命中注定的那个人？”我与学生时代的那个他，也许真的没有缘分继续走下去，还是尽早分手为好。虽然这么想，但是总是不愿让对方憎恨，希望能够成为他历任女朋友中的NO.1。这样想是不是有点霸道？

不会让他母亲反感的妆容

可爱的准新娘妆

“可爱的准新娘”妆容的关键在于讨喜度。“粉色系”、“柔和的眉形”、“优雅的卷发”，散发温柔贤淑气质的妆容战无不胜。

眉毛

柔和的眉形掩盖强势的性格

❶选择明亮的茶色系眉笔，将眉峰与眉尾自然勾连，粗细与原本的眉形相似。❷如果过多修饰眉头，会给人强势的感觉。眉头处空出少许位置后与眉峰处自然勾连描画，眉头尽量保持自然。

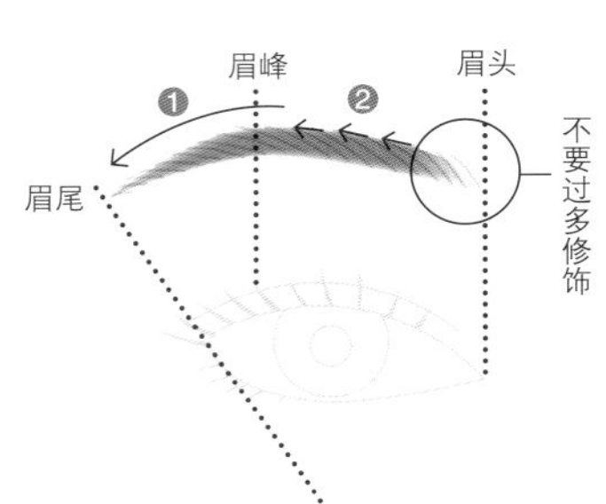

眼影

尽显优雅贤淑的保守粉色系

❶用亮色的眼影在眼窝处打上高光。接着在双眼皮处稍稍描浓。❷下眼睑处则用亮粉色的眼影沿睫毛根部画上眼线。明快的下眼线能让整个脸部熠熠生辉。

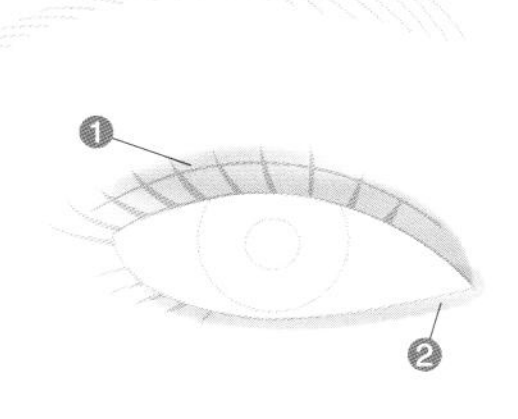

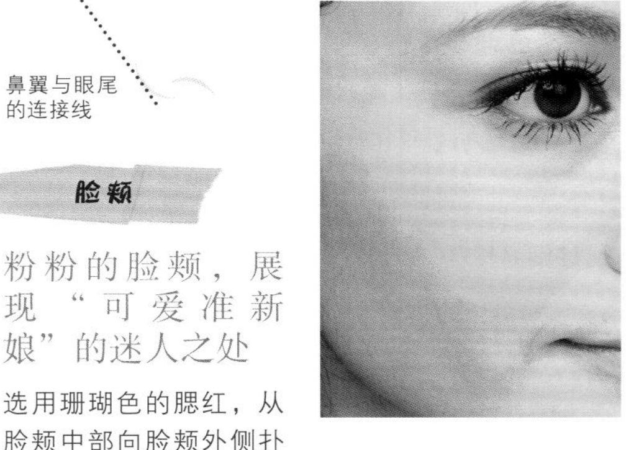

脸颊

粉粉的脸颊，展现“可爱准新娘”的迷人之处

选用珊瑚色的腮红，从脸颊中部向脸颊外侧扑上腮红。位置大致在鼻翼以上，颧骨部位。

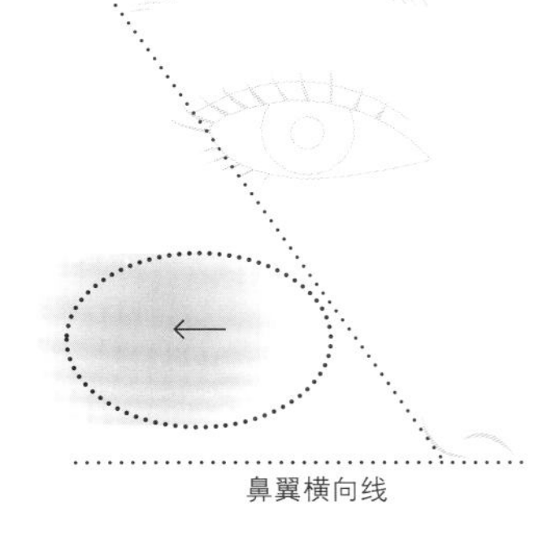

唇部

展现完美唇形

❶在唇部涂上淡粉色的唇彩，上唇尤其要涂得仔细，展现出完美的唇形。❷下唇按照嘴角至唇部中央的顺序涂抹，最后用近似直线的线条将唇形勾勒出来。勾勒时注意不要描得过粗。

详细步骤参照 P35
化妆课程 C

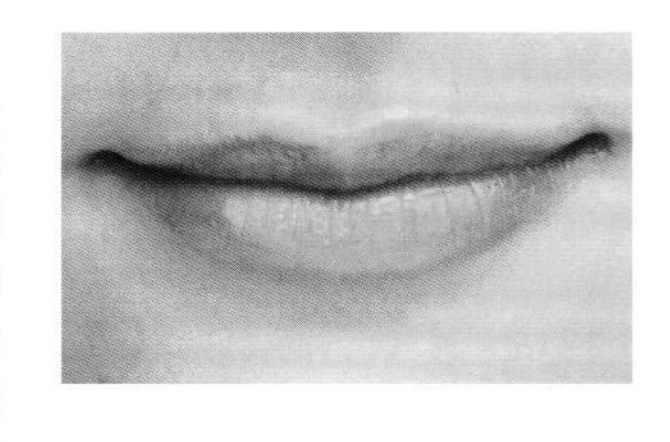

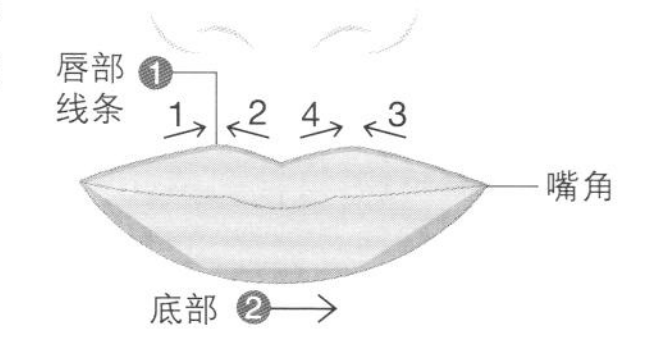

场景：

今天要和交往三年的男友家长见面。做编辑的我平常都是风风火火，一身干练的职业装，一副职场达人的形象。但是，今天我要收敛一些，因为我想给他的父母留下好的印象，让他们觉得我是个“可爱的准新娘”。换上可爱的小女人装，抹上清新的香水，再加上不会令他母亲反感的讨喜妆容，完美赴约。

让长蛇般的细眉与冷面双颊来帮你

打败色迷迷的上司妆容

将眉形修得细长，描上令人生畏的颜色，展现出崭新的一面。其余部分的妆容则与职业妆容大致相同。

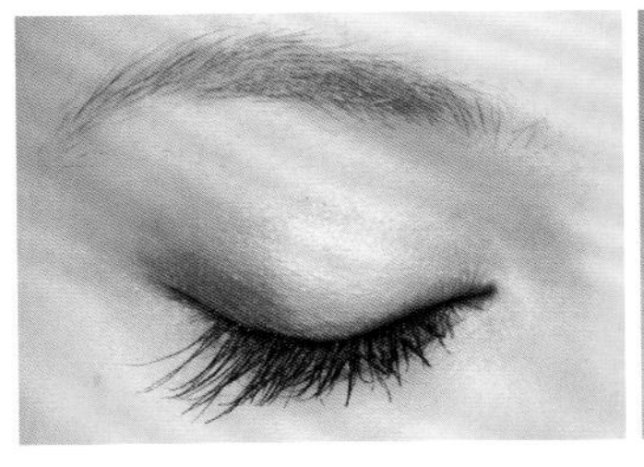

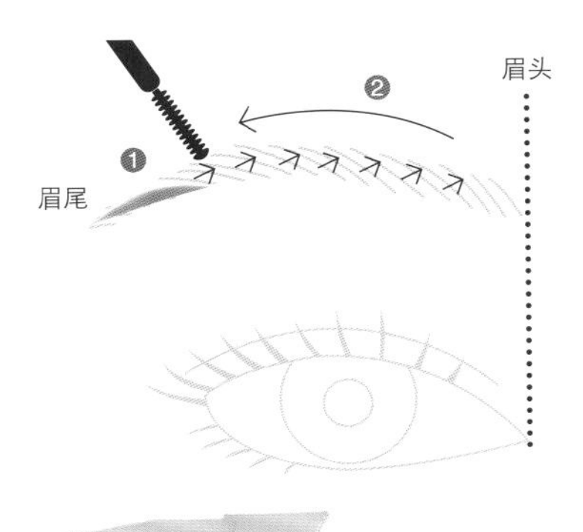

眼影

摆出冷艳的姿态

❶在眼窝处涂上淡蓝色的眼影，冷色调的眼影会有酷酷的效果。❷在双眼皮处涂上淡灰色的眼影。❸最后在眼尾1/2部位涂上深灰色的眼影，使眼光变得深邃。

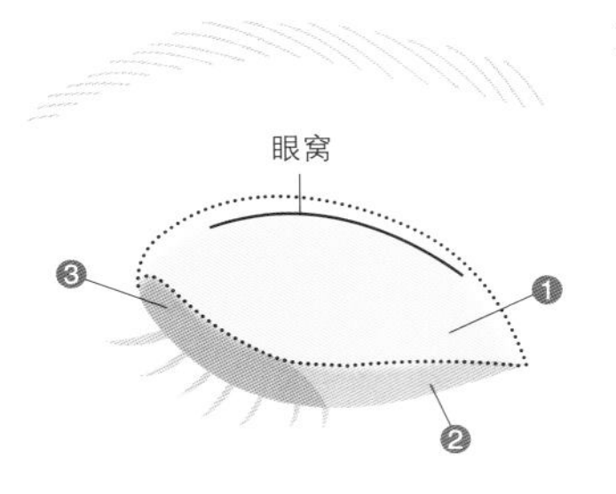

眉毛

减轻存在感的细眉会让人感觉难以靠近

❶选择亮棕色的染眉膏，将眉毛染成棕色。用眉刷逆向刷开，染至眉毛根部。❷在眉毛表层涂上土黄色的眉粉，减轻眉毛的存在感。

详细步骤参照 P35 化妆课程 D

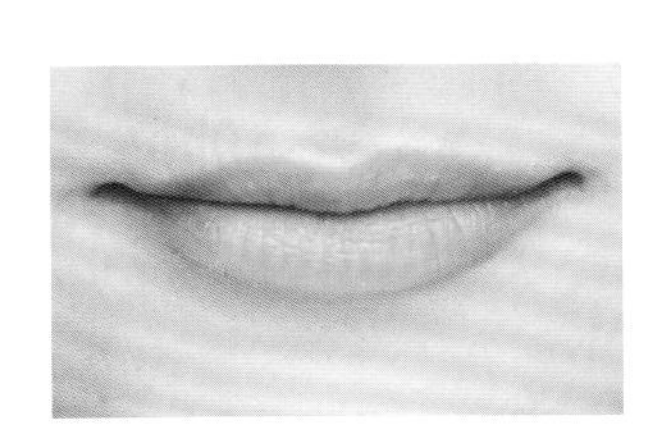

唇部

完美呈现唇部轮廓

❶用裸色系的唇笔描画出比实际偏小的唇形。注意嘴角不能描得太粗，如果描得太粗，会使焦点模糊。❷在步骤1所描画出的轮廓里涂上裸色唇彩。抑制其光泽度。

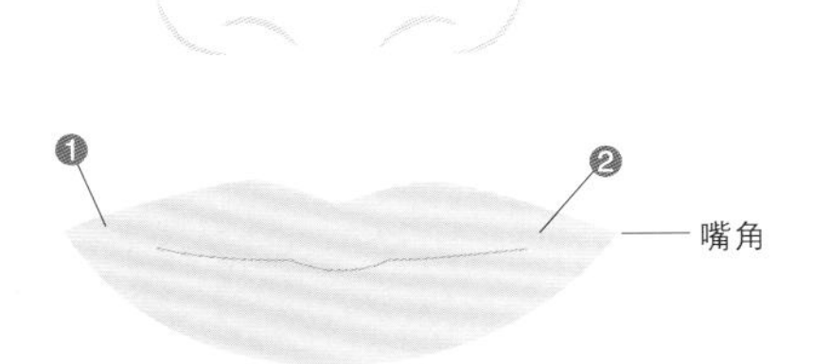

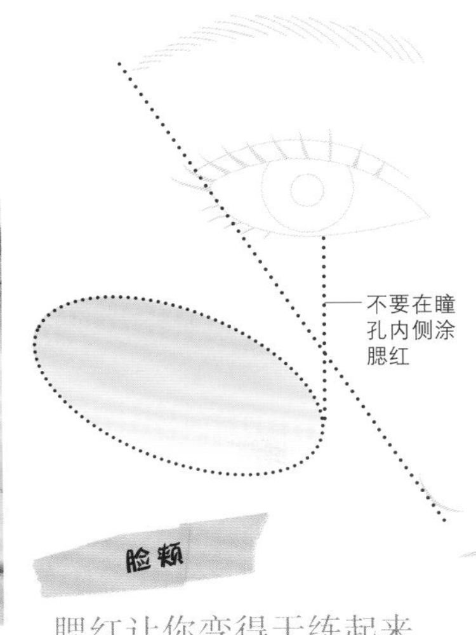

脸颊

腮红让你变得干练起来

选择裸色系的腮红来帮你完成腮红的部分。注意腮红要打在瞳孔外侧，因为瞳孔内侧的腮红会给人可爱活泼的印象，所以是绝对不可行的。

场景：

为什么我总是遭到性骚扰？大学毕业后进了一家公司，常常被性骚扰导致最终辞职。作为非正式员工进入现在的这家公司后，也经常被顶头上司进行言语上的骚扰。但是，最近他越发猖狂，不仅窥探我的电脑，还不时打量我的装束，故意批评我的小礼物，并多次邀约我……诸如此类，总之烦透了，郁闷得很！拜托，帮帮我吧！让我跟这些无耻的男人说再见！

How to *Make* Lesson

化妆课程

Lesson A 充满女人味的粉嫩妆容

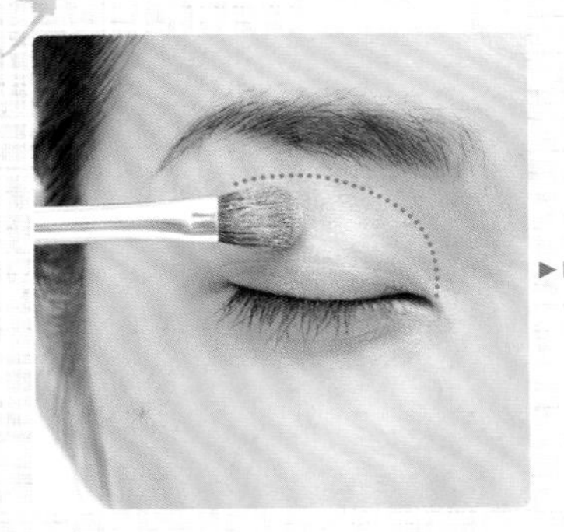

1 将粉色眼影刷在眼窝处，接着在眼睑中部纵向描上亮粉色的眼影，增强立体感。

2 用眼影刷从内眼角至眼尾画上神色眼线。用中指轻轻提拉眼角能使眼线画得细长。

3 下眼睑的部分则用同色的眼影在眼尾1/3部位画上眼线，使整个眼部的妆容变得华丽起来。

Lesson B 帅气英眉的画法

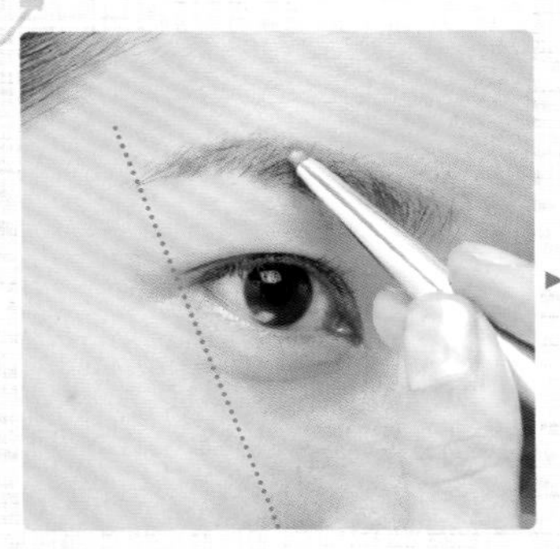

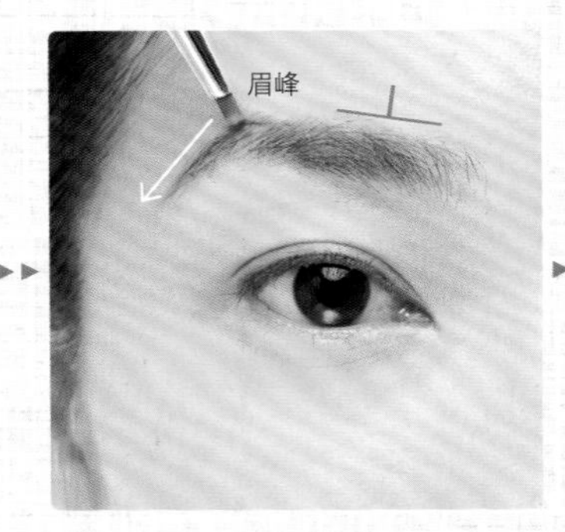

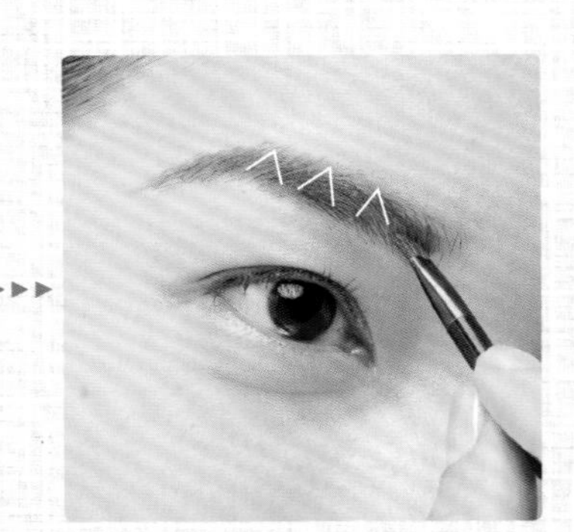

1 首先，选择眉峰的位置。眉峰在瞳孔的外侧，眉尾在鼻翼与眼尾的延长线上的眉形最佳。

2 用亮棕色的眉笔将眉峰至眉尾处描浓，然后再将眉头与眉峰自然勾连描浓。

3 最后，用亮棕色的眉粉描画均匀。

干练又不失女人味的唇部妆容

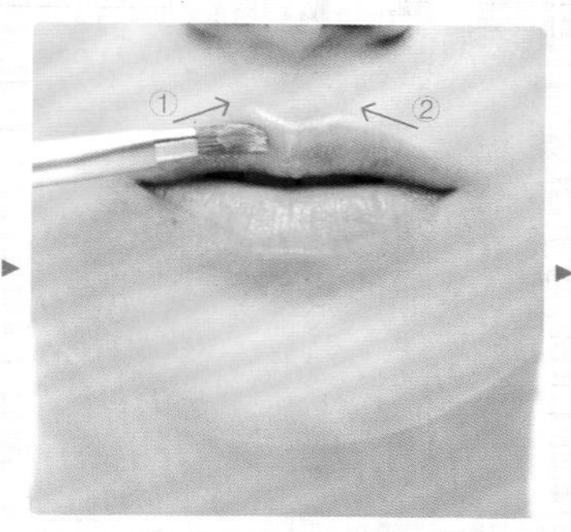

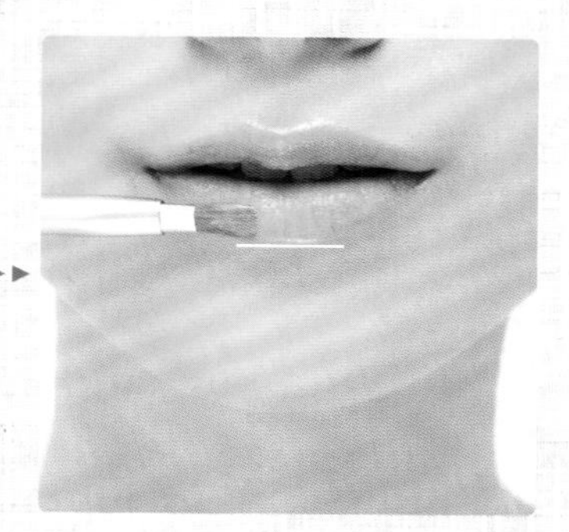

1 用亮色系的唇彩将上唇的线条勾勒出来。先勾勒唇线会使唇部妆容看上去比较自然。

2 为了将唇部线条完美呈现，按照从嘴角至唇部中央的顺序涂上唇彩。

3 下唇部尽量涂得自然，颜色不要过浓。

使眉毛存在感变弱的细眉妆容

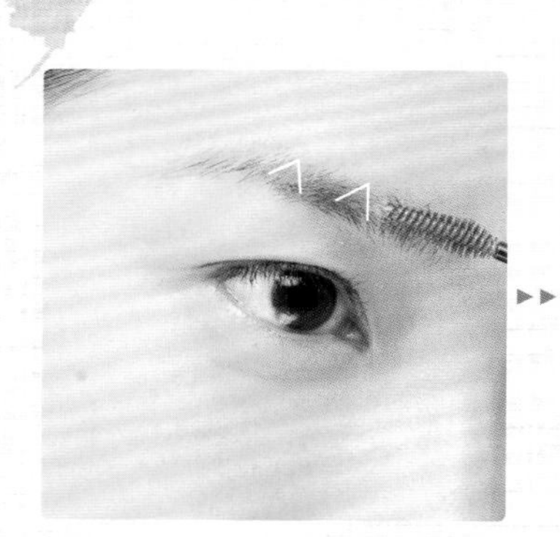

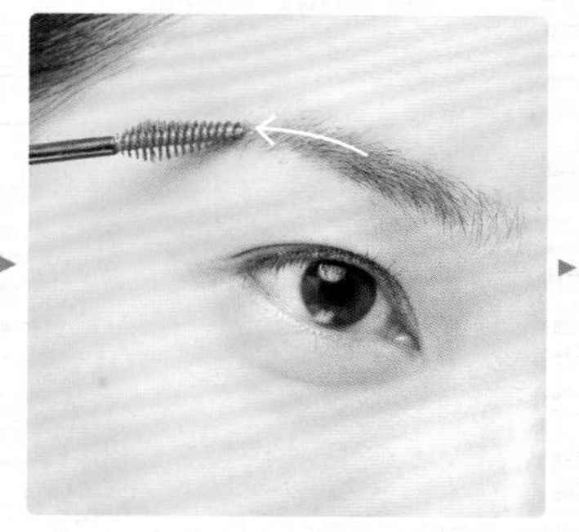

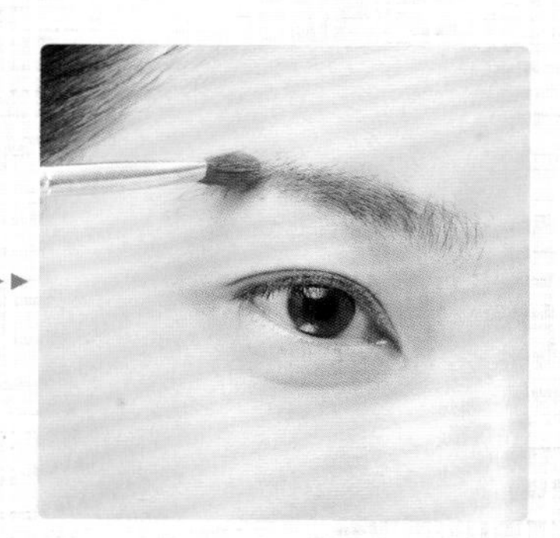

1 为了掩饰眉毛原本的黑色，用亮棕色的染眉膏给眉毛染色。涂染眉膏时不要涂得太浓。

2 眉头至眉峰的部分按照从下到上的方向描眉，眉峰至眉尾的部分则从上向下画浓。

3 待染眉膏干燥后，用软刷再刷一层土黄色的眉粉。这样做既能够提升明亮度，又能防止染眉膏脱落。

Ayumi Oka

冈步小姐

用“减法美妆术”为自己带来桃花运

简 历

1983年9月18日出生于日本三重县。喜欢看电影，擅长芭蕾。1999年参演了电视剧《3年级B班金八老师》（TBS），之后在多部电视剧中有精彩表现，并且拍摄了多部广告、参演了电影及舞台剧等，演技日臻成熟。

休闲外出妆

告别劈腿噩梦

提升恋爱指数

让他再次为你沉迷

自然的颜色，高贵的质感

休闲外出妆

不管是眼线还是睫毛都要画得到位，但是要注意把握“度”，不可过于浓艳。
使用自然的色彩，不要让人感觉妆容太过华丽。

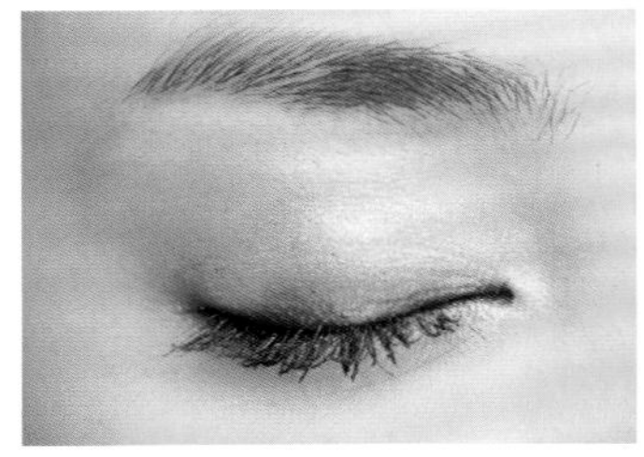

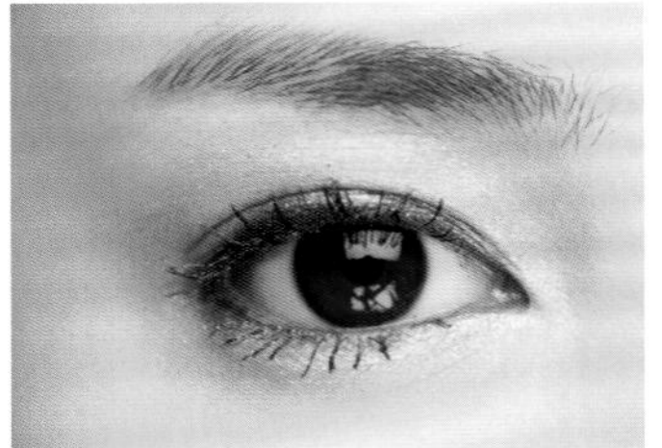

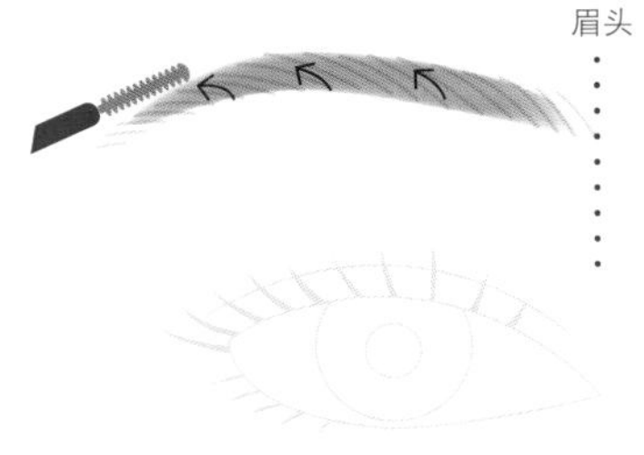

眼线 眼影 睫毛液

令眼睛变大、突出瞳孔的妆容技巧

❶用棕色眼线笔沿睫毛根部画上眼线，可将眼线稍稍描粗一些。下眼睑的部分只需在瞳孔下方画上眼线，这样在视觉上就放大了瞳孔。❷将金色的眼影涂在整个眼窝处。瞳孔上方再画上棕色系的眼影。❸下睫毛的部分涂上奢华的金色睫毛膏。

详细步骤参照 P46 化妆课程 A

眉毛

用眉粉将眉毛修饰成自然的短眉

选择米色系的眉粉，用眉刷将眉粉均匀刷在睫毛上。沿着眉毛生长的方向将眉毛梳顺。自然的短眉给人坦诚的印象。

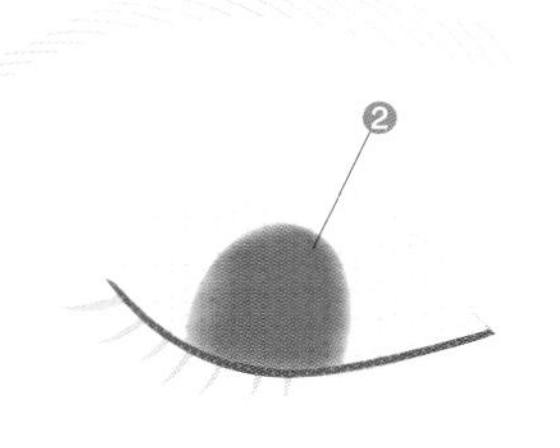

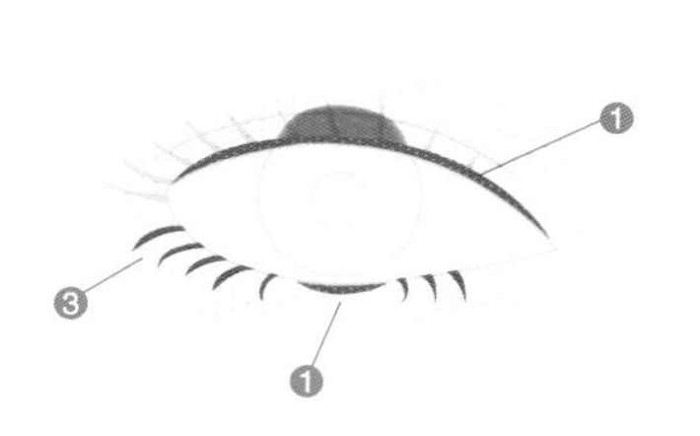

唇部

诱人的双唇，盼望早日超越朋友关系

用粉底将唇部的轮廓模糊化，然后在唇部涂上橙色系的唇彩。

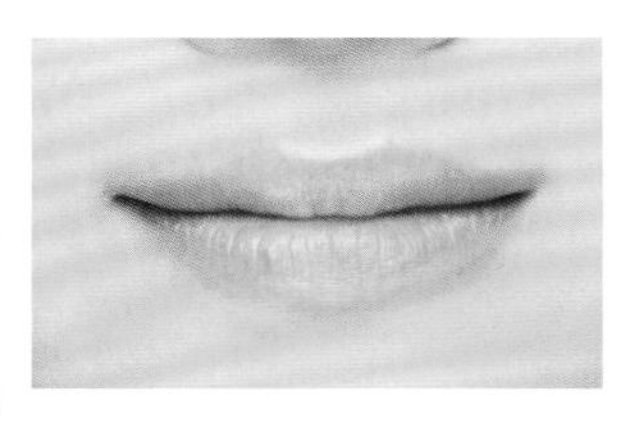

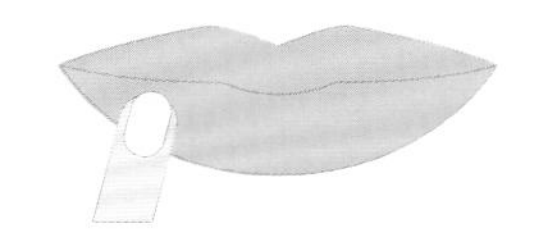

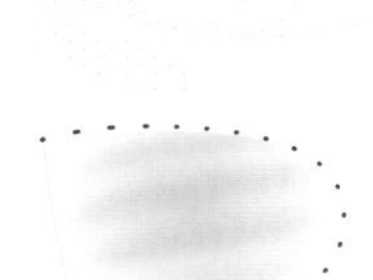

脸颊

选择温柔可人的腮红

❶在眉毛下方－眼尾－脸颊上方这三部分所在C型区内打上高光，增加整个脸部的明亮度。❷选择接近橙色的粉色系腮红，将腮红横向扑在脸颊上，给人健康活泼的印象。

场景：

我是品牌店的导购。也许是长期从事这个职业，我所接触的人大多是同一个圈子里的。但是，说实话，从事我们这个职业的人女性居多，所以平时很少有机会接触到男性。每天想着怎样完成营业额，时刻关注时尚与流行的妆容。后来，我喜欢上了咖啡厅的一位男生，他戴着眼镜，做事认真周到，休息时间喜欢看书。我以前从未遇到过这样的男生，马上坠入了爱河。我趁他休息的时候试着跟他搭话，没想到他兴趣广泛而且很擅长与人交流。有一天他居然主动约我，“下周末，我们一起去河边野餐吧？”太好了！不过，我给他的印象恐怕是太过主动活泼了吧，这样下去我们恐怕只能做普通朋友了。怎么办才好呢？怎么才能改变他对我的印象，让他觉得我是温柔可人的小女生呢？

用卷翘的睫毛为自己加分

提升恋爱指数

为了避免给人强势的印象，化妆时，采用圆滑的线条，用柔和的颜色代替过于强烈的颜色。眼镜也是不错的小帮手！

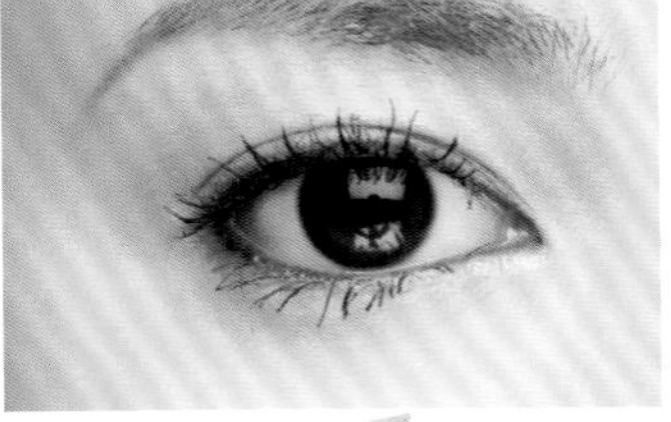

眉毛

圆滑柔和的眉形

❶为了掩盖眉毛原本的颜色，用亮色的染眉膏将眉毛染色。❷眉尾的位置设定在鼻翼与眼尾的延长线上，用亮棕色的眉笔将拱状部分描浓。描眉时顺着眉毛的方向描均匀。

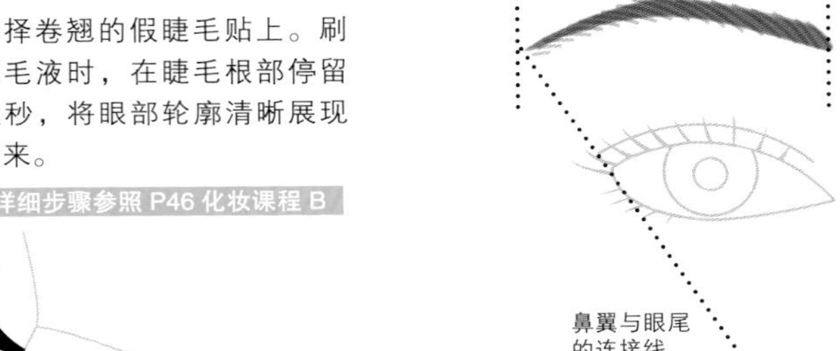

眼影

大胆尝试绿色的眼影

❶在双眼皮处画上绿色的眼影。眼影可延伸至眼尾外侧，给人清新之感。❷用黑色的眼线笔，在下眼睑内侧的黏膜部分画上内眼线。整体上给人以精致之感。

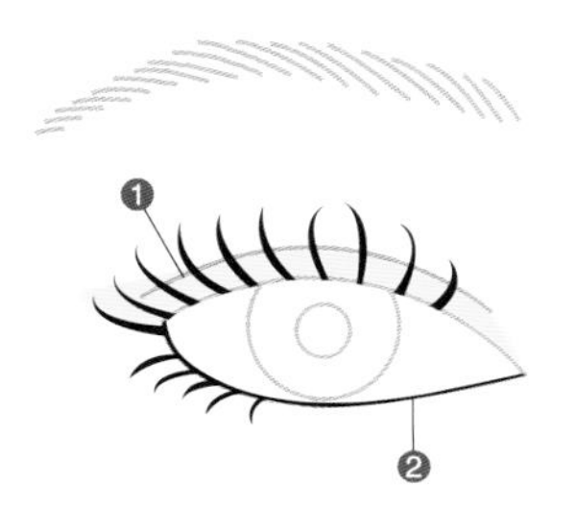

睫毛液

让睫毛不碰到镜片的方法

选择卷翘的假睫毛贴上。刷睫毛液时，在睫毛根部停留数秒，将眼部轮廓清晰展现出来。

详细步骤参照 P46 化妆课程 B

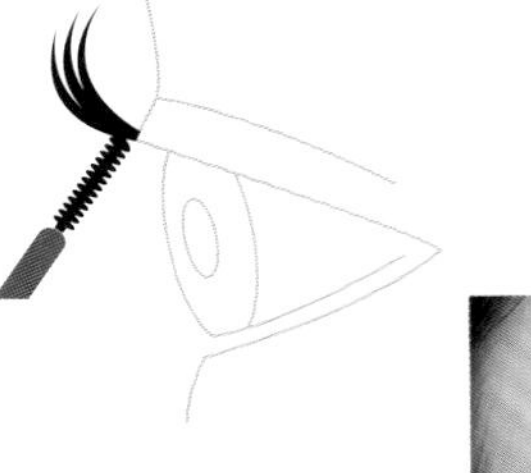

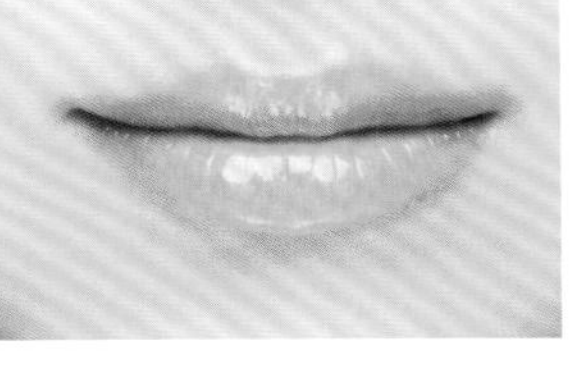

唇部

亮丽的唇部妆容

用米色系的唇彩掩盖住唇部原本的颜色，再沿着唇部的线条涂上橙色系的唇彩。

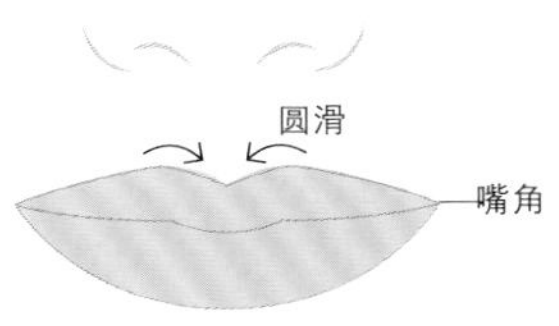

脸颊

可爱的红脸蛋

选择粉色的腮红，以脸颊上笑起来最突出的部分为中心打上圆形的腮红。粉色的腮红搭配绿色的眼影给人清新可爱的感觉。

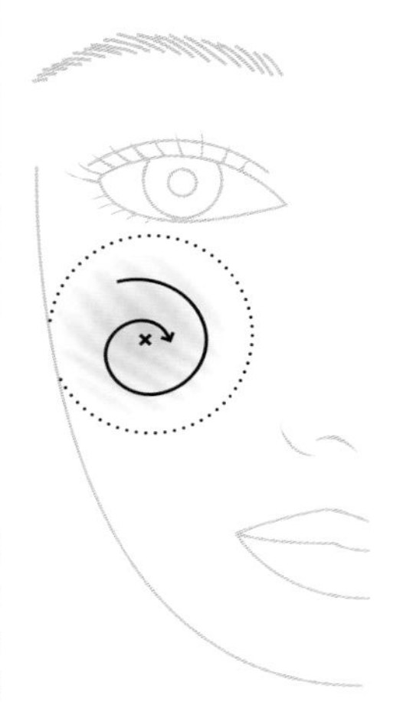

场景：

忙完一天的工作后，我与同事两个人经常一起去公司附近慢跑两圈，这样就能减轻压力，总比在酒吧里发牢骚好。我的性格比较男孩子气，所以在公司常常被当做倾诉对象，安慰被上司揩油的新进女同事，为男同事的恋爱出谋划策……总之，在公司里没有人把我当做女性看待。某天，我和同事又在公司附近锻炼，有两位年轻男士上来搭讪，他们在运动品牌公司上班。我们相约锻炼结束后一起去吃烧烤。奇妙的是，虽然我们是初次见面，但却非常聊得来，有相见恨晚的感觉。我们还说好要一起参加马拉松比赛，如相交多年的老友一般。从那以后，我开始期待他们其中一人的邮件或是电话，等待过程中总是心急不已。这难道就是恋爱？我终于进入恋爱模式了。我希望自己能够吸引他慢慢靠近！所以我决定改变自己原本的休闲装扮，变身恋爱中的小女人！

美得让他舍不得移开目光

告别劈腿噩梦

睫毛根部画上乌黑的眼线，在眼尾处贴上假睫毛，令双眼电力十足。

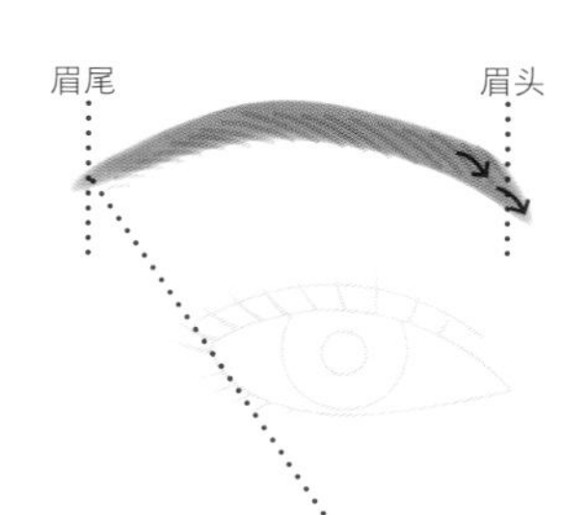

眼影 **眼线**

完美眼妆。电力十足的眼睛

❶在眼窝处画上米色系的眼影。展现眼部水润光泽的效果。❷上眼睑画上黑色的眼线，眉尾部分上挑1cm左右。下眼睑用黑色的眼线笔画上眼线，与上眼睑相连，呈现整体感。

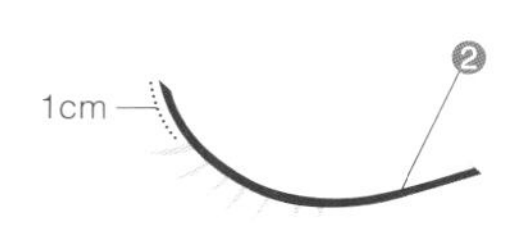

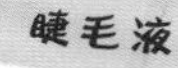

眉尾的弧度造就魅惑双眸

❶将假睫毛粘在眼尾。眼尾的假睫毛不仅能够起到放大眼睛的作用，还能使眼神更加妩媚。❷沿睫毛根部刷上黑色纤长型睫毛液。向着眼尾方向刷睫毛液还能起到拉伸眼部的作用。

眉毛

优雅女性的理想眉形——月牙眉

❶将眉尾设定在鼻翼与眼尾的延长线上，用亮棕色的眉粉将眉毛刷成月牙形。❷用眉刷将眉头上的眉粉向鼻梁处晕开，在鼻梁上打上阴影，使脸部更有张力。

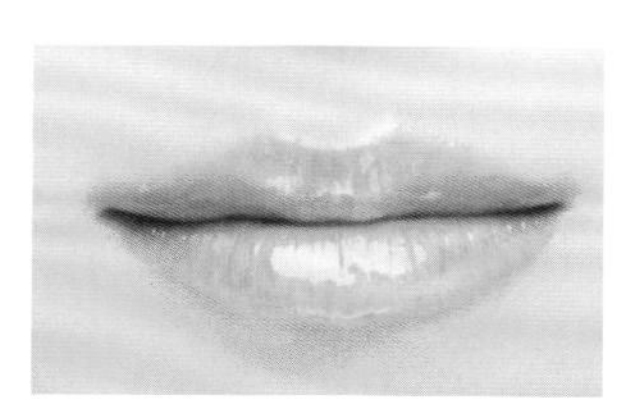

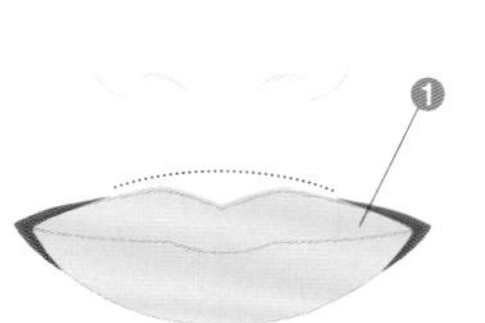

唇部

细致的唇部妆容步骤

❶用遮瑕膏将唇部轮廓模糊化，再用褐色系的唇笔将嘴角的线条勾勒出来。上唇稍长，下唇稍短。❷在唇部涂上晶莹透亮的裸色唇彩，使唇部光泽诱人。

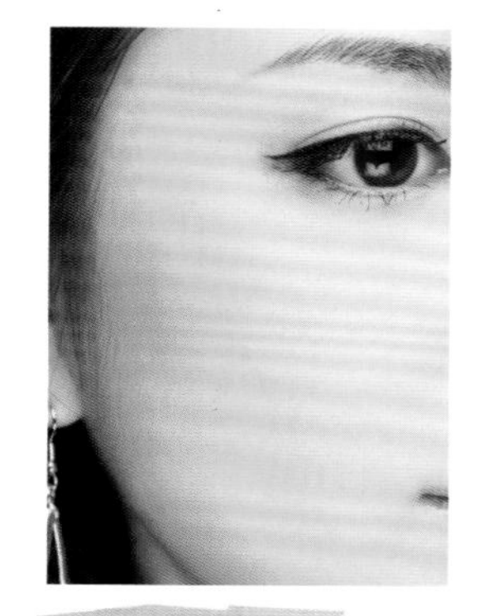

脸颊

打造完美侧脸的腮红画法

在太阳穴部位画上粉色系的腮红，脸颊处则用米色腮红，使脸部更有立体感。

详细步骤参照 P47
化妆课程 C

场景：

我的性格比较沉静，加上一张典型的东方式面孔，所以总是受到大龄男士的青睐。交往过的男生大多是年龄比我大的。现在正在交往的这位比我大14岁，是一家咨询公司的精英人士。我们是在MBA课程上认识的。

班上的同学时常相约出去喝一杯，不知不觉就演变成了我们俩单独出去，最后成了男女朋友，开始交往了。“年纪大的男友会疼人”，虽然朋友们经常这么说，但是他对别的女人也很好，加之他长得很不错，所以出轨已经不是一次两次了……虽然我讨厌不专一的男生，可奇怪的是，我却总是和这些受欢迎的男生交往，每次都弄得遍体鳞伤，独自垂泪，最终都免不了分手的结局。我总是劝自己“相信他，等他浪子回头”，但是我现在真是受够了！从现在起，我要改变自己，我要画美美的妆，让他的视线离不开我，让他的心里满满的都是我！

甜美的妆容让他下定决心向你求婚！

让他再次为你沉迷

过分强调女人味的妆容不符合她的性格……这款妆容很值得推荐。
想要表现自我个性在一处体现即可，其它部分要甜美！

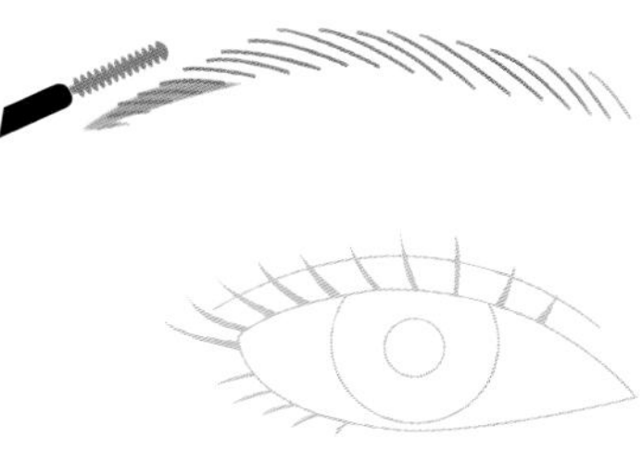

眼影

展现自我个性的部分——眼部妆容

❶在上眼睑处画上褐色眼影。在双眼皮处描上深褐色的眼线，使眼部线条凸现出来。❷将浅褐色的眼影涂在整个眼窝部位。❸将珍珠亮白色眼影涂在上眼睑处，使之与步骤①中和。涂眼影时可延伸至眉毛下方。❹化妆笔蘸上些许银色系啫喱状眼影，在下眼睑处从内眼角至眼尾画上细长的眼线。眼部妆容展现出鲜明个性。

详细步骤参照 P47 化妆课程 D

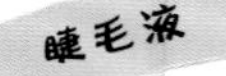

卷翘睫毛展现可爱的一面

选择有卷翘作用的睫毛液，将睫毛从根部夹住使之卷翘，刷上睫毛液，展现出可爱小女人的一面。

消减“强势”感觉的染眉膏

为了尽量掩饰眉毛所带来的强势感觉，不要用眉笔画眉，用古铜色的染眉膏将眉毛染色即可。

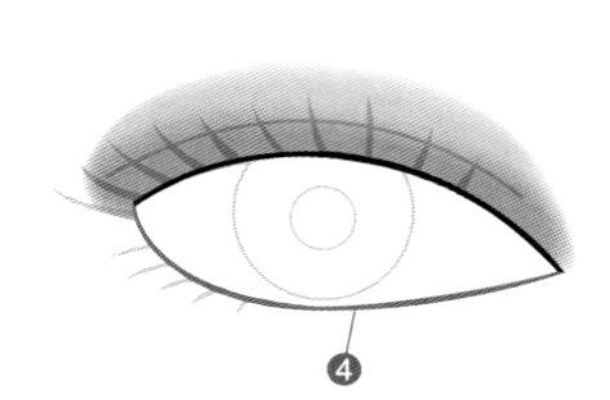

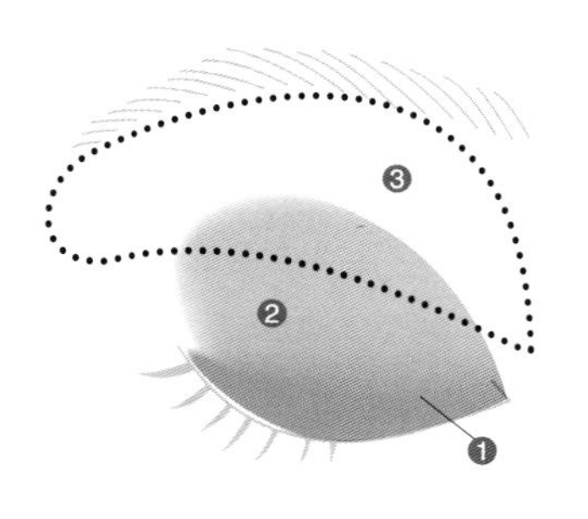

脸部更立体展现女人味

用化妆刷将珊瑚色的腮红均匀刷在颧骨处，使整个脸部瞬间大方光彩。

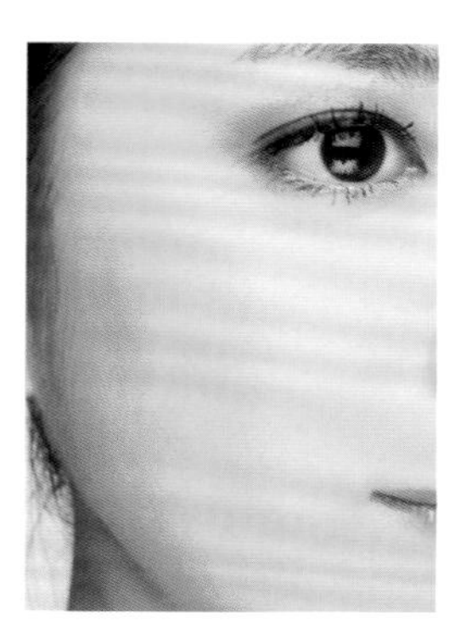

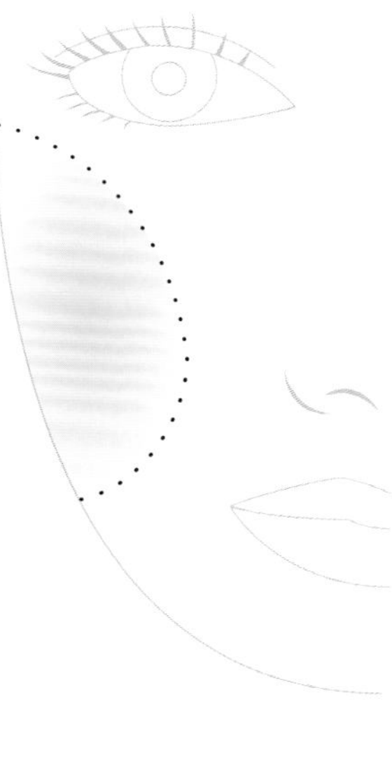

场景：

我的性格活泼开朗，我的恋爱信条是“坦诚相处”。我爱憎分明，喜欢的就说喜欢，想要的就说想要，讨厌的就说讨厌。我和男友交往6年了。我们有过激烈的争吵，也曾闹过分手，但是总是心有羁绊，跌跌撞撞一直走到现在，也算是很不容易。可是，今早他突然对我说：“就算没有我你也会活得很好吧”，这是什么话！但是我不假思索地笑答：“嗯，也许是吧”，怎么会变成这样！明明我心里想的是他应该快向我求婚了吧，我们辛苦经营了6年的感情也算是难能可贵。如果这样下去，别说结婚了，他恐怕就要离我而去了。我该怎么办？对他说：“没有你我活不下去”？还来得及吗？想告诉他“不要放开我的手，我要做你美丽的新娘”，怎样才能让他知道我真实的心意呢？

Lesson A

棕色眼线让眼睛电力十足

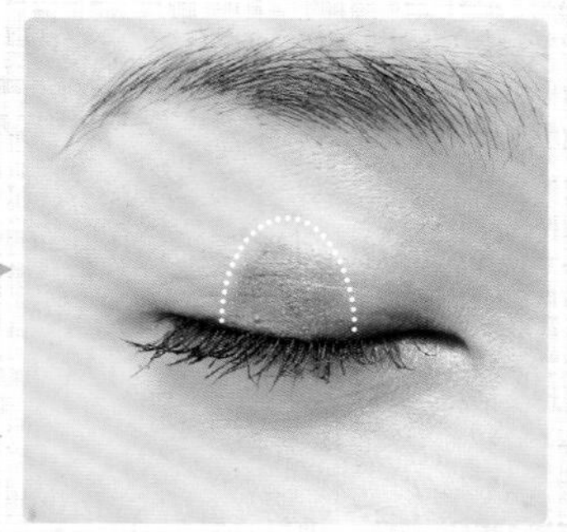

1 沿着上睫毛的根部画上棕色眼线。为了使眼部的轮廓清晰地呈现出来，画眼线时从内眼角至眼尾一气呵成。

2 直视镜中的自己，在下眼睑处瞳孔正下方画上内眼线和外眼线。这是让瞳孔看上去变大的必杀技。

3 最后，在上眼睑的中部画上褐色的眼影。用手指将之自然晕开，使眼睛看上去更具立体感。

Lesson B

卷翘睫毛不再与镜片亲密接触

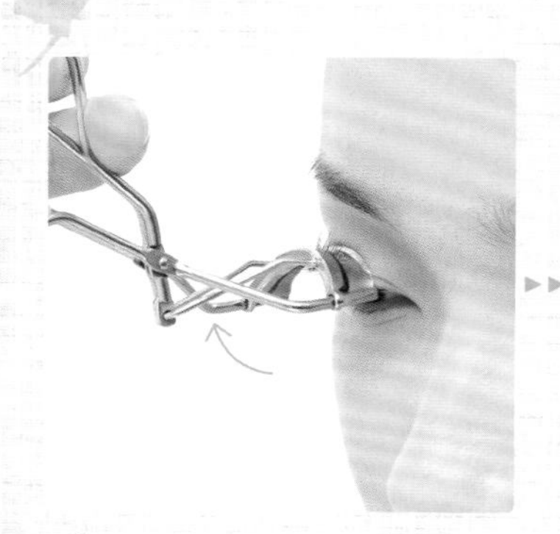

1 对于戴眼镜的女生来说，长长的睫毛经常会碰到镜片，所以最好的方法就是用睫毛夹将睫毛夹成上翘的形状。

2 横握睫毛刷，左右移动，将睫毛液均匀涂在睫毛上。

3 为了让睫毛持久定型，在睫毛根部再刷上一层睫毛液。涂睫毛液时，在睫毛根部停留数秒，使睫毛液完全附着于睫毛上。

侧面同样美得令人窒息

1 用黑色的眼线液先在上眼睑处画上眼线，收笔时可将眼线微微延长。画眼线时，应力度适中，一气呵成，画出来的眼线会细长均匀。

2 用腮红刷将粉色的腮红打在脸颊处，打腮红时，在太阳穴部位画半圆。画完腮红后，你的气色会显得更好，侧面更加完美。

3 接着，为了增强效果，在双颊扫上一层淡淡的橙色腮红。这样能够使脸部看上去变得瘦长。

层次分明的灰色眼影

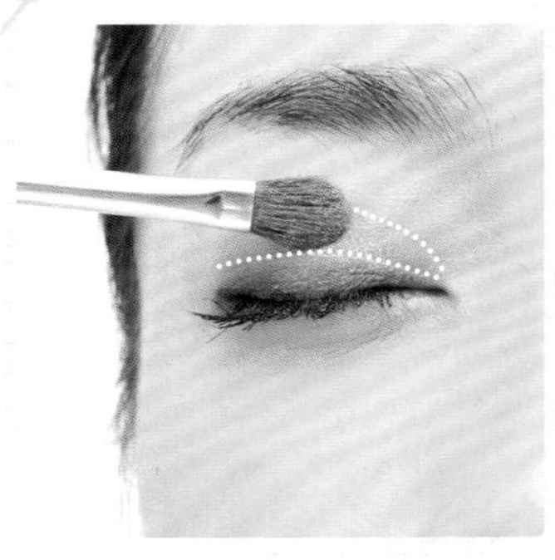

1 在上眼睑处画上深灰色的眼影，接着在整个眼窝处涂上一层浅褐色眼影。

2 然后，在步骤1的褐色眼影的基础上，扫上一层亮白色的眼影。按照由深到浅的顺序画眼影，能够使眼部妆容看上去层次分明，而且这种画法比较容易，鲜少失败。

3 这款眼妆的特点是不突出下眼睑，所以，从内眼角至眼尾画上细细的银色系眼影即可。

肘井美佳小姐

可爱风、流行风自由自在，“绝妙平衡点”美妆。

简 历

1982年10月13日出生于日本福冈县。兴趣爱好是韩语和单口相声。曾参演过电影《快乐行程》。2010年5月5日在青山圆形剧场表演舞台剧《2LDK》。

妆容 A

可爱的假日休闲风

妆容 C

温婉又特立独行的女人妆

妆容 B

制造完美邂逅的妆容

妆容 D

他也欣赏的帅气妆容

七分帅气三分甜美。温婉随性中不失俏皮可人的姿态

可爱的假日休闲风

为了展现眼部的动人曲线，选择使用假睫毛。使目光变得更加魅惑动人，即帅气又甜美。脸颊和唇部的妆容无需过分突出。

眉毛

眉形与眼线相呼应

❶将眉尾的位置设定在嘴角与眼尾的延长线上。先用黑色的眉笔从眉头至眉尾画上一条眉线。❷用眉刷将之自然刷开刷匀。描眉时不要将眉毛描得过粗。

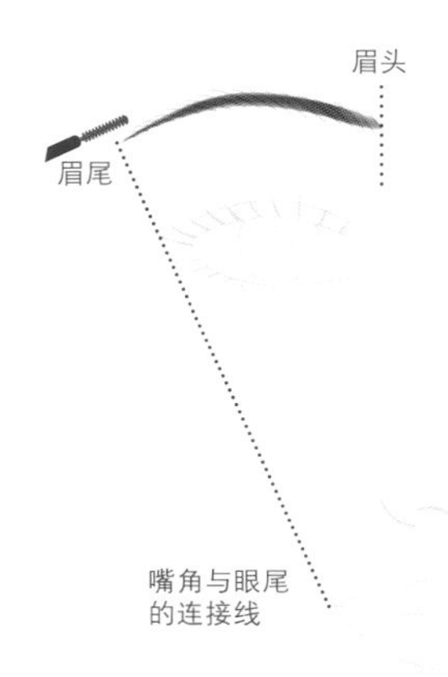

眼影 眼线

简单眼妆，让你王道时展现电眼魅力

❶在双眼皮处画上金色的眼影，接着在上眼睑与下眼睑的眼尾处画上巧克力色的眼影。❷用黑色的眼线液在上眼睑处画上眼线，下眼睑处则用黑色的眼线笔从内眼角至眼尾画上内眼线，使内眼角与眼尾相连。

详细步骤参照 P58 化妆课程 A

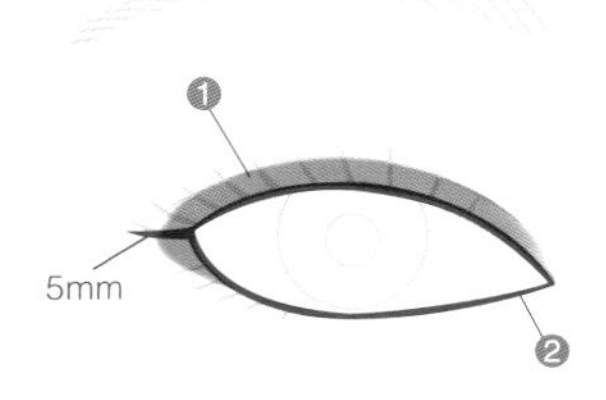

睫毛

假睫毛是重点，能够使眼睛电力增加到120%

在上眼睑的中部至眼尾稍前处粘上假睫毛。眨眼时，眼睛更加诱人。

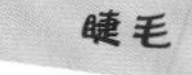

唇部

展现唇部轮廓

依然选择常用的橙色唇彩。将上唇部的线条仔细勾勒出来，自然性感的双唇体现时尚韵味。

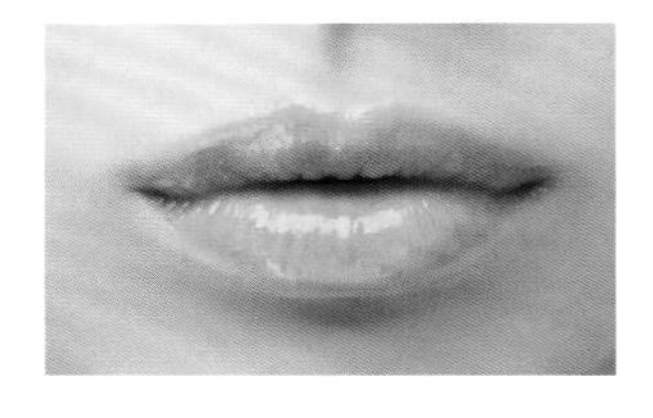

脸颊

切忌使用粉色系腮红

使用米色系的腮红。在瞳孔下方外侧，鼻翼线上方的区域打上腮红，使妆容看上去自然大方。

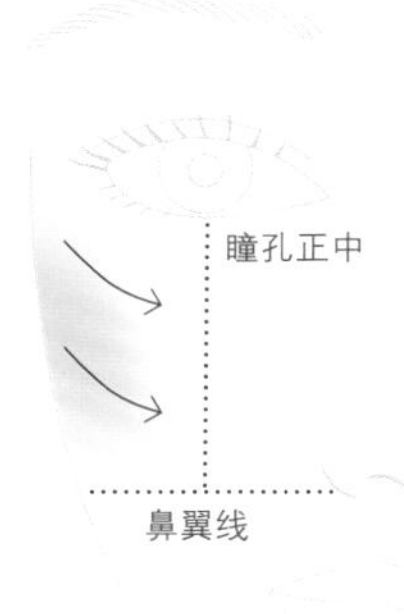

场景：

享受工作，享受生活，这是我的美丽秘诀。工作七年来，我在事业上有了一定的成绩，每天忙着开会出差。但是，不管多忙，每天早晨出门前我一定会精心打扮一番。我希望自己能够成为微笑面对任何困难的职业女强人，为此我正不懈努力着，而我的动力源泉就是周末的运动健身。从学生时代起，我就开始了冲浪运动。我现在的男朋友也是通过冲浪活动认识的，我们经常利用假期去国外旅行。最近，我忙着考跳水执照，参加马拉松比赛，身体得到了充分的锻炼，我非常喜欢运动后的成就感和满足感。我享受着穿梭于职场、海边、派对中的自由生活，我对事物始终保持着新鲜感。我希望自己能一直享受变化带来的快乐与喜悦。

脸颊5分、唇部5分。用橙色打造纯爱氛围

制造完美邂逅的妆容

橙色系使表情明亮开朗，肌肤光滑让人忍不住想要触碰。自然的妆容呼唤丘比特之箭！

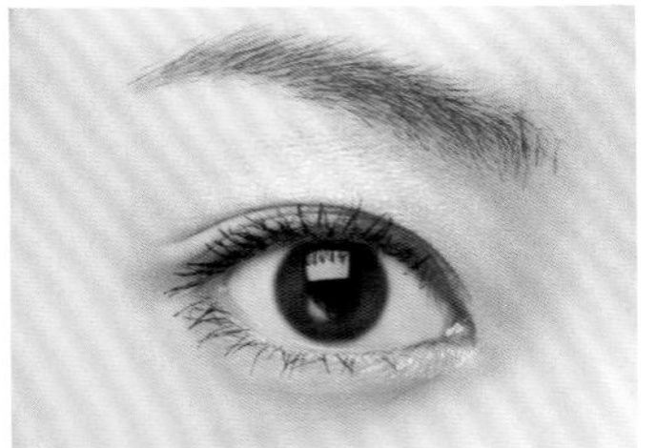

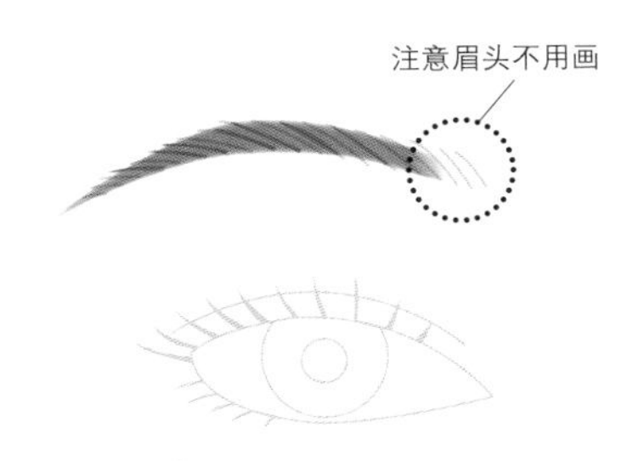

眼影 眼线

肤色才是重点，眼妆不必太浓

❶将金色的眼影涂在眼睑中央，用无名指指腹左右涂抹均匀晕开。将眼影涂在中间部位是为了呈现自然立体的效果。❷将与步骤1同色的眼影轻轻涂在下眼睑的内眼角处。让整个眼睛看起来炯炯有神。❸用棕色的眼线笔在上眼睑处画上1mm细的眼线。眼线简单自然，即使晕开也无大碍。

眉毛

完美邂逅关键在眉头

用自然的棕色眉笔将眉头以外的部分描浓。接着，将亮色的眉粉均匀刷在眉毛上。

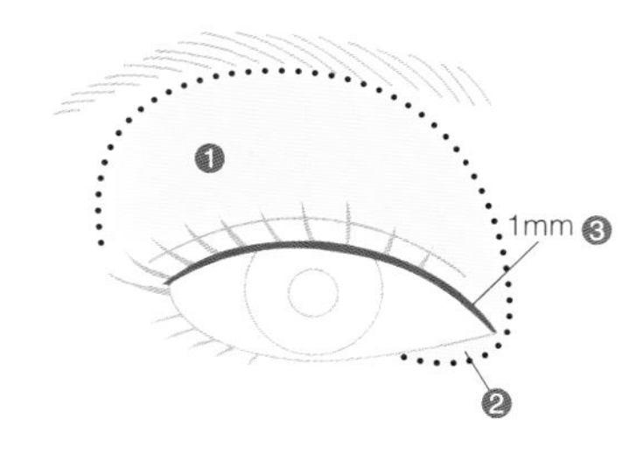

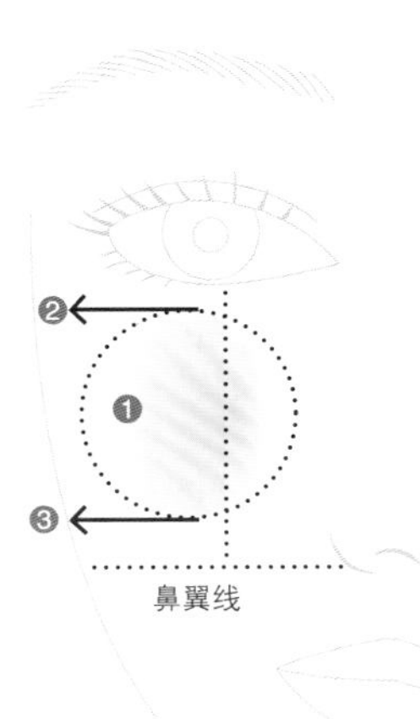

脸颊

爱笑的脸颊

❶将含有金粉的橙色腮红打在颧骨处。❷❸在瞳孔下方到鼻翼线之间稍上方的区域，以画圈的方式打上腮红。脸色红润，甜美可人。

详细步骤参照 P58
化妆课程 B

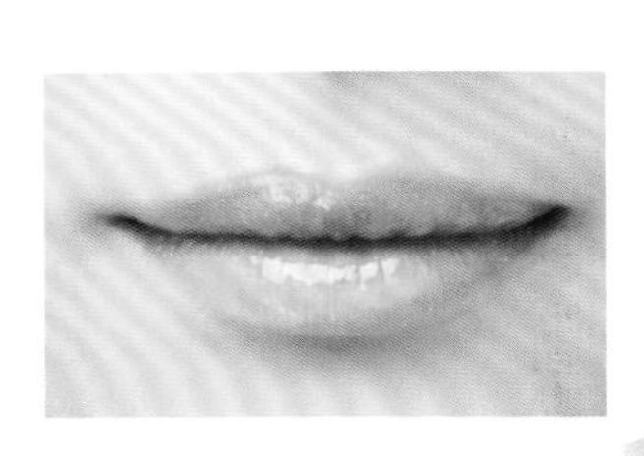

唇部

自然水润光泽的唇部

双唇涂上粉橙色系的唇彩，用指腹左右涂抹均匀。

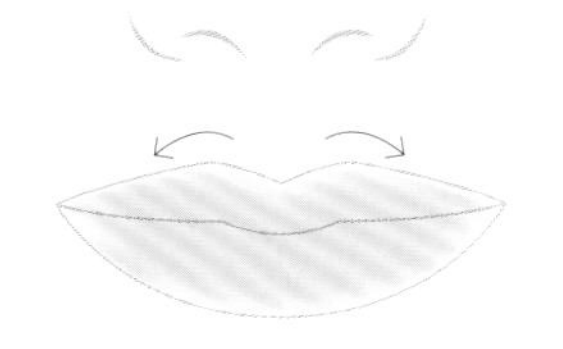

场景：

上一段恋情告吹后，我的身体垮了下来，皮肤也变差了。后来，在友人的劝告下我开始了以蔬菜为主的饮食生活，结果皮肤状况大大改善，真的慢慢变得细致有光泽了，我便顺理成章地改变了我的饮食习惯。我深知过于苛刻的自我约束往往不会长久，所以我尽量从简单的做起。每天早晨坚持吃新鲜的蔬菜，带去公司的便当也是糙米做的饭团和煮菜、水果等。如果在外面吃的话，我一定会挑好吃的大快朵颐。所以，节制的饮食生活并没有给我带来太多压力。

从上个月开始，我常去听"蔬菜知识讲座"，期间我认识了我的白马王子，他年纪比我小，正在努力学习争取成为厨师长。我想我的人生一定会一帆风顺的！我习惯于用积极的心态思考问题。肌肤由内而外散发光彩要归功于饮食生活的改善。

小小技巧打造完美妆容

温婉又特立独行的女人妆

妆容恬淡，几乎看不出来化了妆。五官的各个部位都要上妆均匀，展现“与生俱来的女人味”。

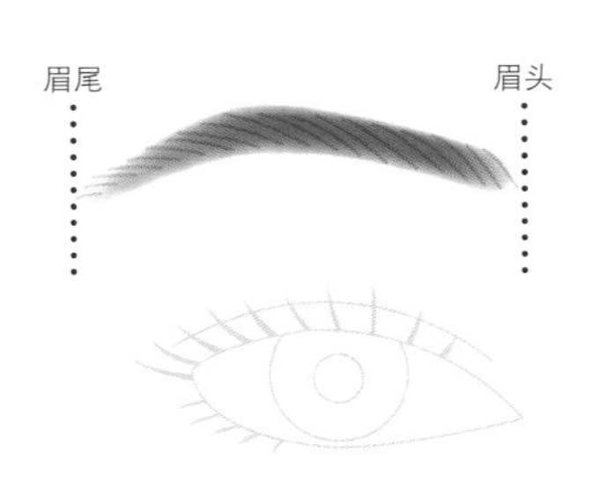

眼影　眼线

多色彩的融合使妆容亲切大方

❶用黑色的眼线笔沿上睫毛根部画上眼线。❷在双眼皮及下睫毛根部画上深褐色的眼影。❸再将亮棕色的眼影画在整个眼窝处，接着在下眼睑处的深褐色眼影上描上一层亮棕色的眼影。由深到浅层次分明的眼影使整个眼妆看上去高贵优雅。

眉毛

无需过多修饰的自然眉形

保持眉毛本来的长度。将棕色的眉粉画在眉毛上，使之自然均匀。

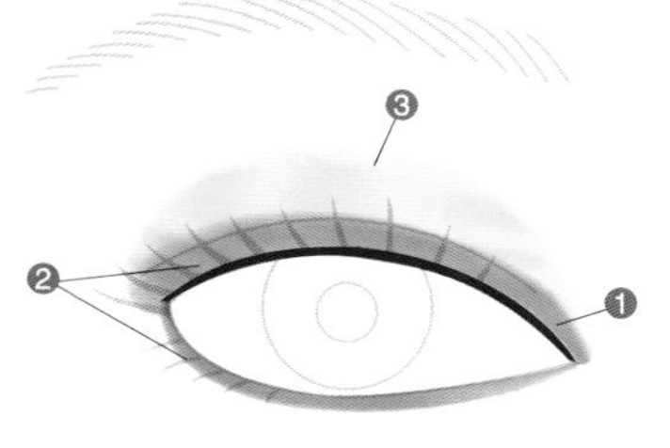

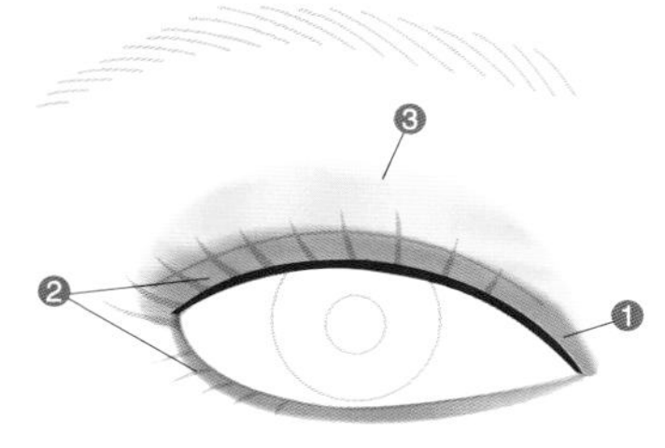

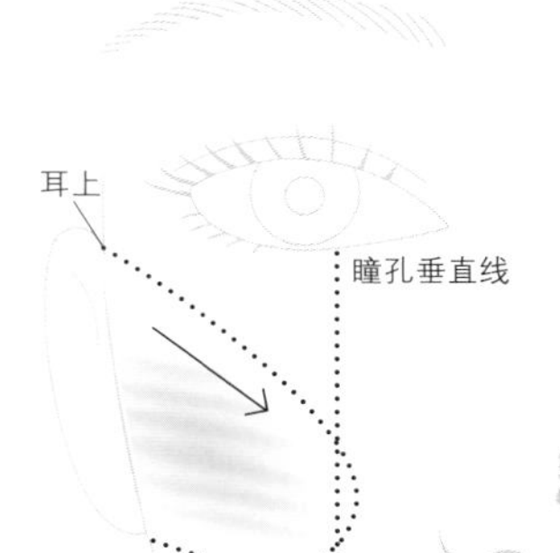

唇部

透明丰盈的唇部妆容

❶用裸色的唇彩掩盖住唇部本来的颜色及唇部轮廓。❷再用驼色的唇彩将唇部线条自然地勾勒出来。使唇部妆容自然又不失高雅。

详细步骤参照 P59 化妆课程 C

脸颊

面色红润自然

选择珊瑚色系的腮红，沿着耳上－颧骨最高位置－鼻翼的方向打上腮红。腮红的区域控制在瞳孔垂直线外侧到鼻翼线以上的部分。从耳上至鼻翼方向将腮红均匀晕开，营造出脸部的立体感。

场景：

我认为成熟女性的标志是能够很好地调节身心并合理地安排时间。所以，现在我按照自己喜欢的方式和步调来生活。

早晨天一亮我就起床了，起床后我会做3分钟的瑜伽冥想练习，使精力集中。养成这样的良好习惯之后，能够使精神保持平和稳定的状态，这样一来不仅工作上的失误有所减少，就连跟男朋友吵架的次数都大大减少了。晚上我很少安排夜生活，大概一周只有一次左右。跟男朋友的约会一般都安排在周末。“我不愿一直处于被动的等待状态”，这样就不像我了。在恋爱中，保留各自独立的提升空间，这才是我理想中的恋爱模式。“光滑细腻的肌肤是睡眠期间养成的”，平常的时候，我晚上会看看书，然后泡泡澡放松一下，十一点准时入睡。我的皮肤比较白，所以，化妆的时候，我会画上浓重的眼线来彰显我的肤色。周末的时候，我是不化妆的。让身心都处于放松的状态，这是我改变生活习惯以来感受最深的。

魅力眼妆增加你的性感度

他也欣赏的帅气妆容

时尚美妆对男士具有毋庸置疑的杀伤力，女生们对此当然趋之若鹜。眼妆是最重要的部分，占整个妆容的八成。唇部及腮红尽可能低调。

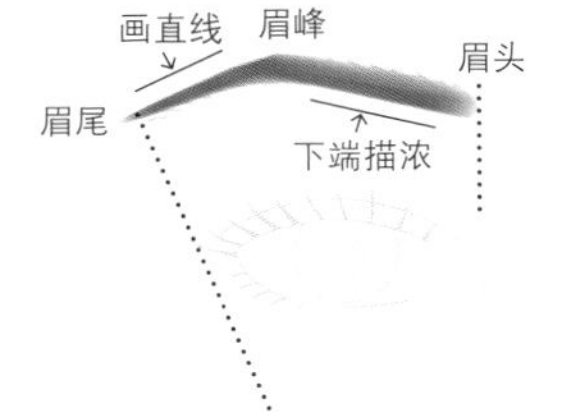

嘴角与眼尾的连接线

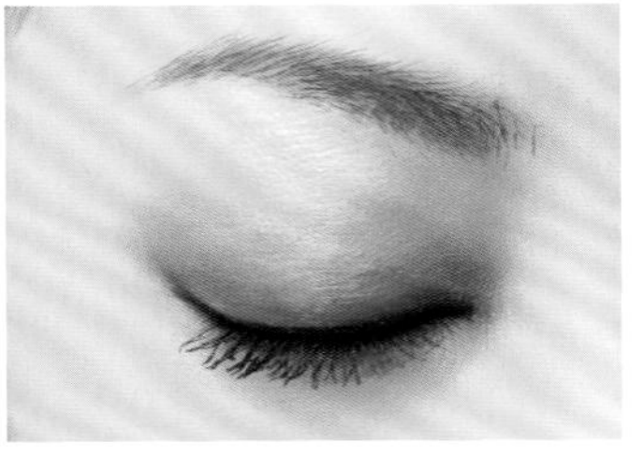

眼影

层次分明的棕色眼影才是杀手锏

❶从眉头下方至眼尾处打上淡淡的金色眼影。❷再将金色的眼影涂在眼窝内侧。❸最后，在双眼皮及下睫毛根部画上灰褐色的眼影。暗色调的深色眼影能够使整个眼部看起来更大，并且变得更加立体。

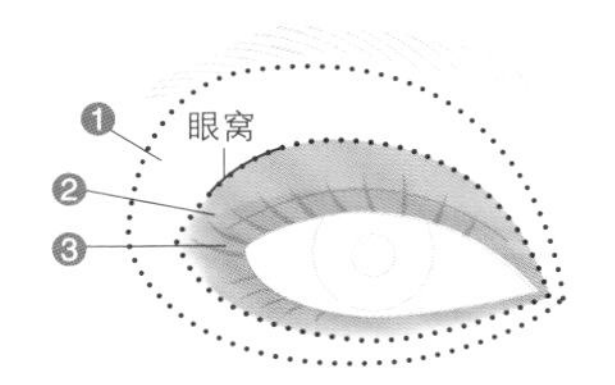

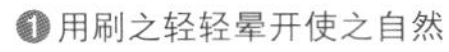

眼线　睫毛液

妆容浓重，不能输给眼影部分

❶用黑色的眼线液沿上睫毛根部画上眼线。眼尾部分用刷子轻轻晕开使之自然。❷接着，将黑色的睫毛液均匀涂在睫毛上，使整个眼部更加闪亮。下睫毛处也可稍稍涂上睫毛液。

眉毛

眉峰隐现，体现强势个性

将眉尾设定在嘴角与眼尾的延长线上。眉头至眉峰部分的下端描浓，眉峰至眉尾则用直线连接，使眉峰的角度凸显出来。

详细步骤参照 P59 化妆课程 D

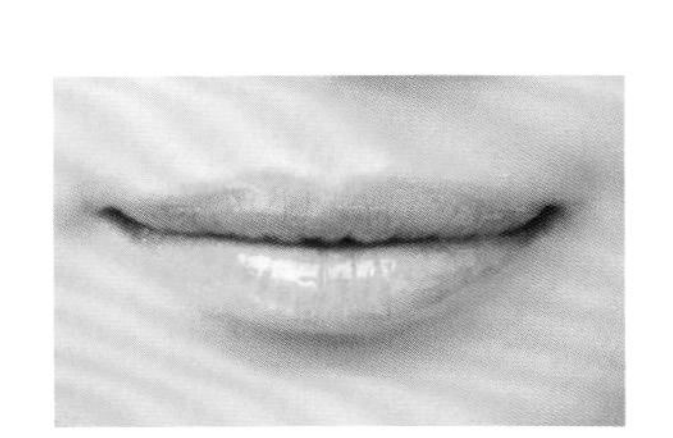

唇部

选择浅色系的唇彩，甘做配角

❶将裸色系的唇彩涂在唇部并将唇部轮廓勾勒出来，掩盖住唇部原本的颜色。❷再将透明唇油涂在上下唇的中间部位，使唇部焕发光彩。

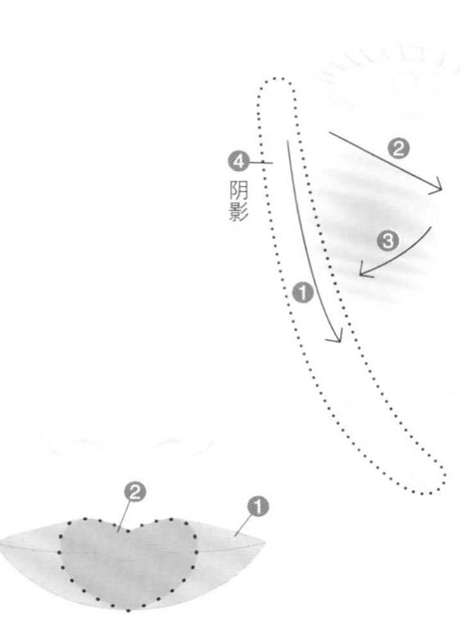

脸颊　阴影

腮红加上阴影打造时尚妆容

按照：❶颧骨外侧。❷耳侧－鼻翼方向。❸鼻翼－下颌方向的顺序打上橙色系的腮红。有棱角的腮红线条能够使妆容看上去更加成熟。❹在脸颊的外侧纵向打上裸色系的腮红，造成阴影效果，使妆容更加时尚大气。

场景：

我每天都关注最新的美容信息，这几乎成了我生活中不可或缺的一部分。为什么这么说，因为我觉得这确实是最快捷、最方便的途径。“我希望自己时时刻刻都是美丽的”，抱着这样的心态，我自己都觉得我更加有女人味了。

让我如此爱美的原因和动力之一就是大我五岁从事服饰行业的男友。他对于女性的审美非常严苛，所以我希望呈现在他面前的“是那个总是闪亮美丽的我”！所以，我现在养成了每天喝2升温水，在公司不坐电梯改爬楼梯，做高温瑜珈，做淋巴排毒按摩，洗完澡后做伸展运动等良好的习惯。另外，我的另一个信息来源是商场的大卖场。这里能够接触到最新的美容信息，还会学到一些应季的妆容，这些妆容不会太浓重也不容易过时，非常实用。我的美容宣言是，花点时间和精力让自己更加美丽动人！

Lesson A 双重眼影让眼睛变大变闪亮

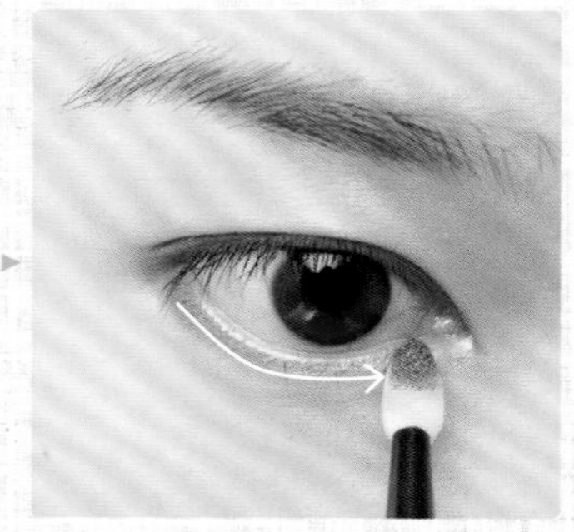

1 在上眼睑处画上棕色的眼影，接着从内眼角至眼尾处稍稍描浓。

2 按照边缘至中心的方向将双眼皮处的眼影晕开使之均匀，使中间的部分颜色变深。

3 最后，在下眼睑处画上相同颜色的眼影。眼尾部分稍稍粗一些，所以先从眼尾部分开始画起，渐渐变细。

Lesson B 让肌肤看上去更加光泽诱人的腮红

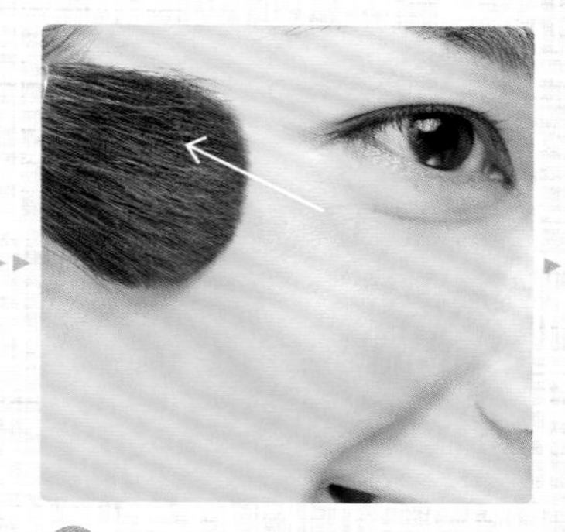

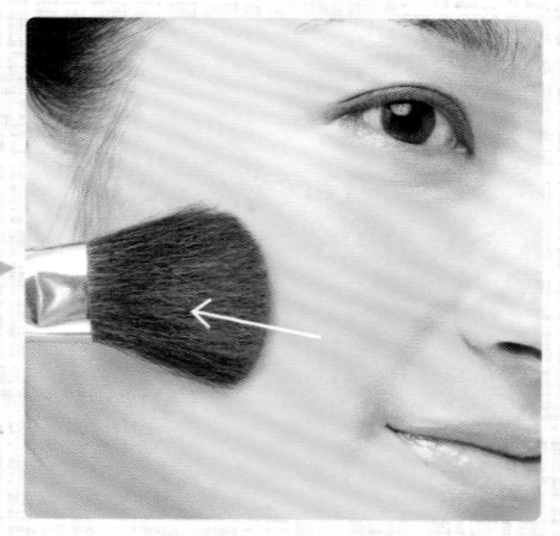

1 画腮红时，为了让肌肤看上去更加光泽诱人，画腮红的位置和用量是非常重要的。用腮红刷将含有金粉的橙色腮红刷在笑起来脸颊最突出的位置，并以之为中心画圈使腮红晕开。

2 接着，用腮红刷向耳朵上方轻轻刷一下。

3 然后，水平方向再轻轻刷一下，使腮红看上去自然。

高雅知性唇部妆容

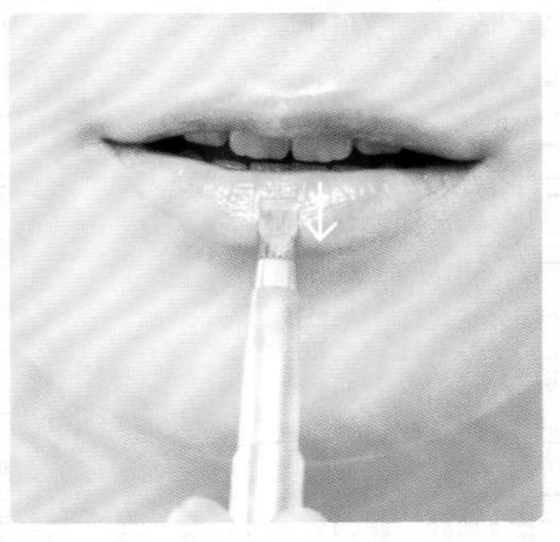

1 为了使唇部呈现裸色，可以用化妆绵将粉底轻轻擦拭在唇部，掩盖住嘴唇原本的颜色。

2 再用唇刷将裸色的唇彩均匀涂抹在唇部，并勾勒出唇部线条。涂抹时，注意嘴角处不要溢出来，按照从嘴角至唇中央的方向涂抹。

3 最后，用唇刷纵向涂抹将唇纹掩盖，使唇部妆容显得高雅知性。

表达强烈决心的凛冽眉峰

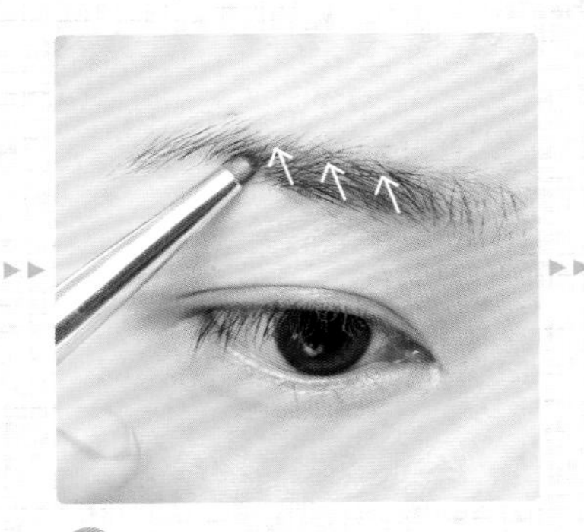

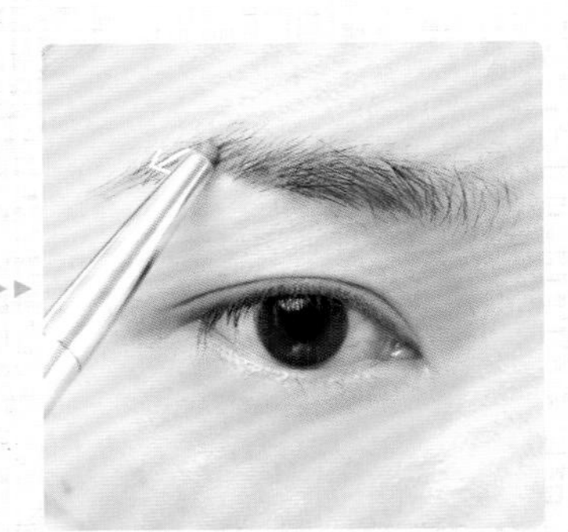

1 为了使眉毛看上去细长，刷眉毛时，眉头附近从下往上，眉尾部分则从上往斜下方刷，使眉毛聚拢。

2 用棕色的眉笔从眉头至眉峰将眉毛描浓。从眉头开始画眉，眉线更加有力。

3 将眉尾设定在嘴角与眼尾的延长线上。眉笔倾斜，从眉峰至眉尾处画直线。最后，将眉线晕开使之均匀自然。

Hitomi Hasebe

长谷部瞳小姐

广告、电视剧、电影……应景得体的妆容塑造完美的女性角色

♥简 历♥

1985年4月27日出生于日本神奈川县。参演了多部电视剧及电影，接拍了多支广告。喜欢烹饪各种美食。

坐在副驾驶的美女妆

“恋人未满”进阶妆

靓丽清爽的海滩女郎妆

彰显无敌魅力的职场妆

完美侧脸迷倒驾驶座上的他

坐在副驾驶的美女妆

洋溢着贵族气息的妆容要用金色眼影、细长弯眉和高光来打造。这样才能够展现出完美动人的侧脸。

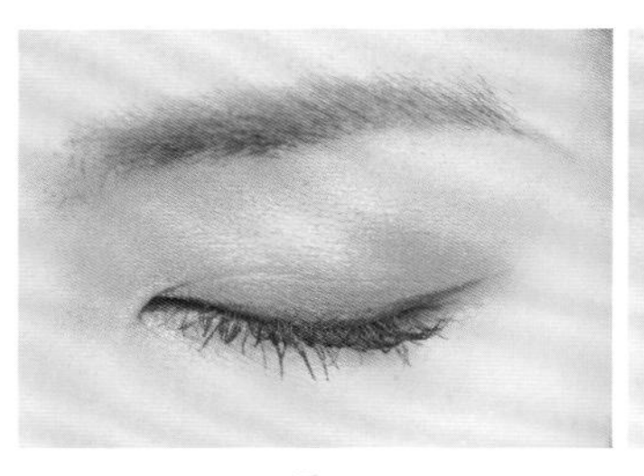

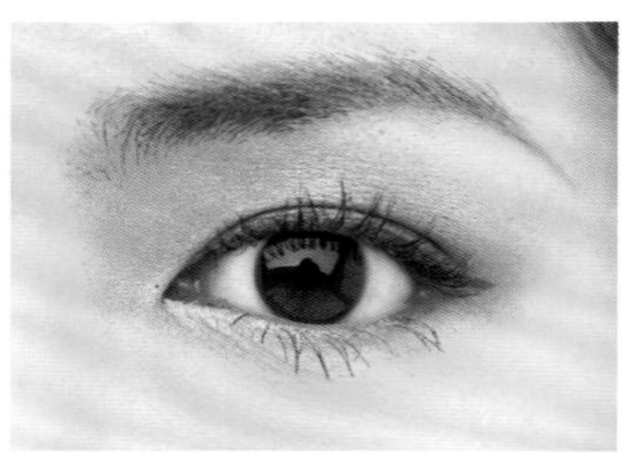

眉毛

将最完美的侧脸展示给驾驶座上的他

❶先用眉笔画出眉形，眉峰要圆滑自然不能有棱角。将眉尾设定在鼻翼与眼尾的延长线上，眉峰部分是圆滑的曲线。❷将明亮的棕色眉粉扑在眉毛上，再用眉刷从眉头至眉尾，从眉毛根部向上刷眉。

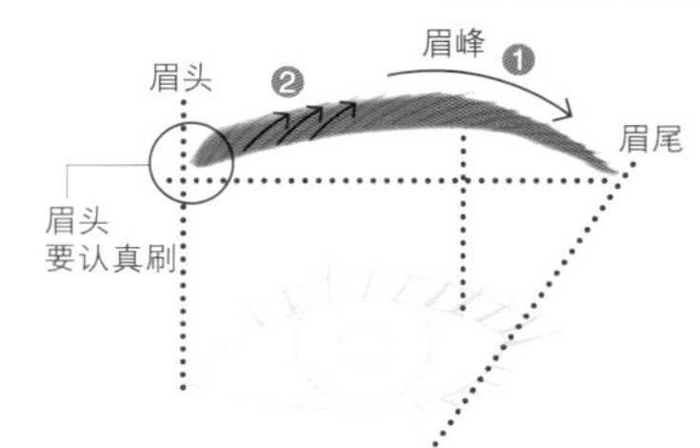

眼影 眼线

金色眼影演绎高贵典雅

❶在整个眼窝处画上金色的眼影，接着在眼尾的凹陷部分涂上色调稍暗的金棕色眼影，使眼睛更有立体感。❷用深棕色的眼线液沿上睫毛根部画上眼线。眼尾部分稍粗，超出眼尾3–4mm为宜。❸沿下睫毛根部画上金色的眼线，与上眼线自然勾连，精致的眼妆将侧脸完美呈现出来。

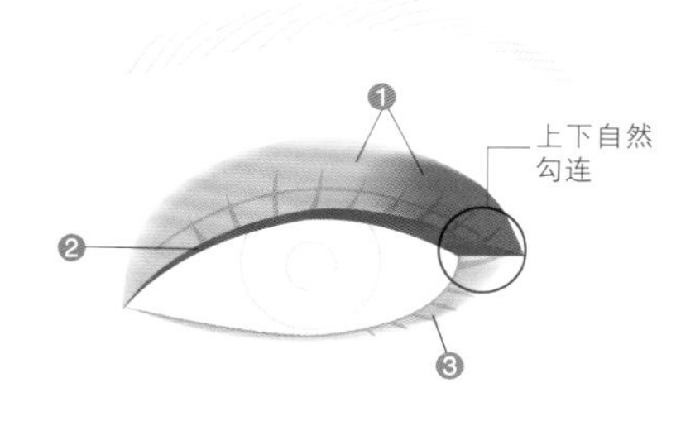

鼻翼与眼尾的
连接线

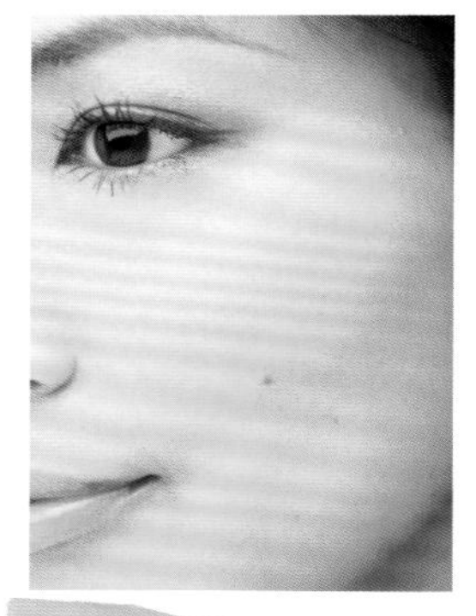

唇部

嘴角部分是决定妆容品质的关键

❶粉色唇彩勾勒出唇部线条。嘴微微张开，将上下嘴角自然地勾连，使唇部自然大方。❷在唇部涂上相同颜色的唇彩，上下唇的中间部位涂浓一些。

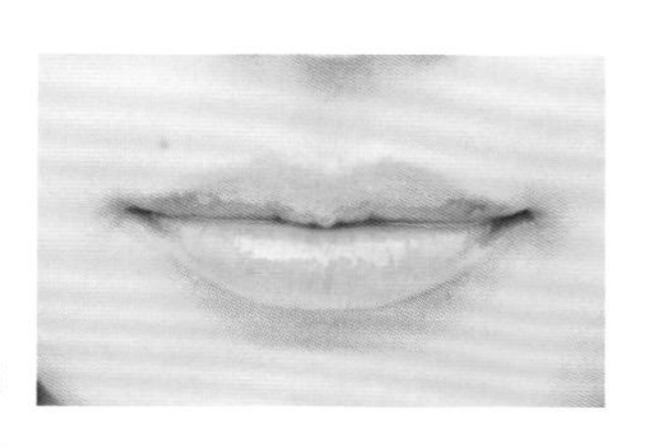

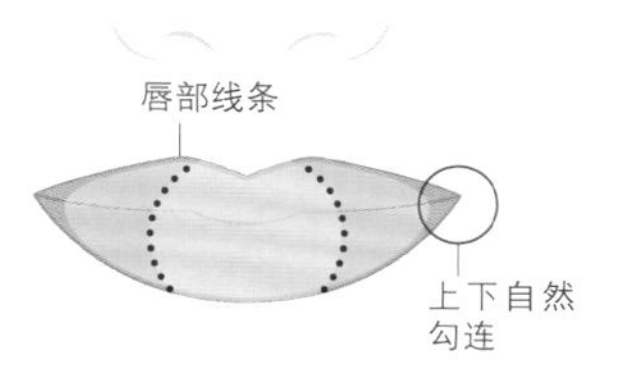

脸颊

利用光影效果让脸部更加立体

❶在眼尾的C型区内打上高光，让眼睛更加明亮。❷按照太阳穴–脸颊中央、太阳穴–正下方、脸颊下方–脸颊中央的顺序打上暗色调的浅褐色腮红，造成阴影效果，使脸颊看上去更加立体。

详细步骤参照 P70 化妆课程 A

场景：

初夏的避暑胜地，斑驳的树影下一辆最新的敞篷跑车呼啸而过，这样的场景必然能够吸引众人的目光。副驾驶座位上坐着一位高贵优雅的美丽女子，我们暂时做这样的场景设定。无论坐在驾驶座还是副驾驶座，都要展示出飒爽英姿。有主见又温柔可人的熟女形象是我们追求的目标。优雅的长卷发散发出无限的女人味，裙摆轻轻飞扬，飘逸动人。给驾驶座上的他呈现出完美的侧脸是最重要的。卷翘的睫毛、弯弯的柳叶眉、高光所呈现出的立体感，无不让他着迷，“女神”形象深入他心。

多彩颜色的运用是夏日妆容的关键

靓丽清爽的海滩女郎妆

在夏日清凉的海滩，如果仍然选择办公室妆容，必定会显得格格不入……
对抗烈日骄阳的多彩颜色，打造靓丽清爽的海滩妆容

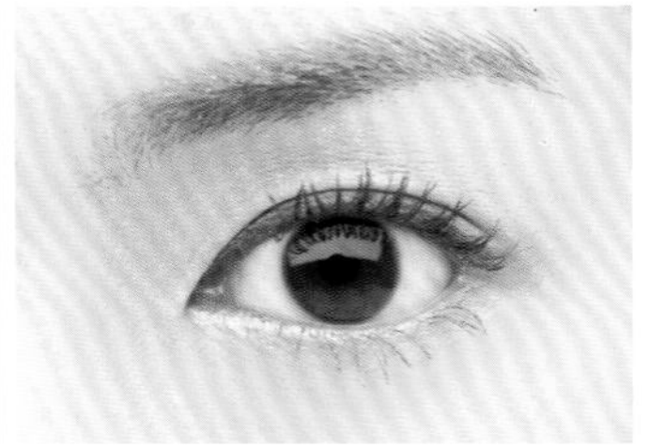

眉毛

眉毛妆容稍淡一些，保持眼部妆容的平衡

❶用青铜色的眉毛膏为眉毛染色，使之色彩明亮。刷眉时逆着眉毛生长的方向刷，使眉毛根部也能染上颜色。❷从眉头至眉尾方向轻轻刷眉，使眉毛膏均匀自然，同时将眉毛梳顺。

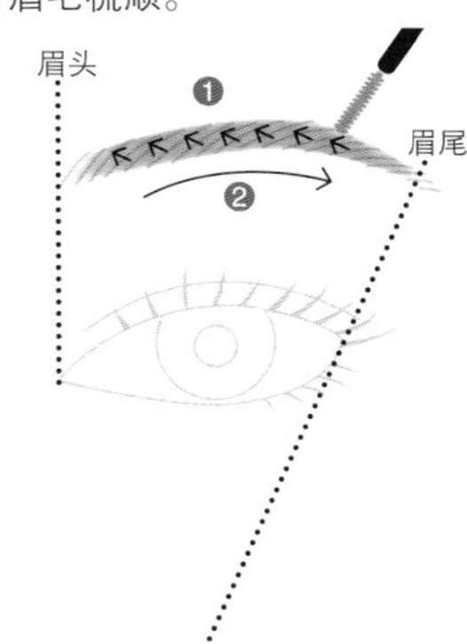

眼影 眼线

眼影的描画要有重点

❶在整个上眼睑处打上白色的高光，使之与肌肤自然融合。❷沿着上睫毛根部画上细细的蓝色眼影。再将眼影刷稍稍侧握，从内眼角至眼尾将眼影描粗一些，描画时注意末端与眼尾稍微空出一些距离。❸在眼尾处画上橙色的眼影，与蓝色眼影自然相连，眼尾处的眼影稍粗，微微上翘。❹沿下睫毛根部画上淡蓝色的下眼影。使整个眼部熠熠生辉。

详细步骤参照 P70 化妆课程 B

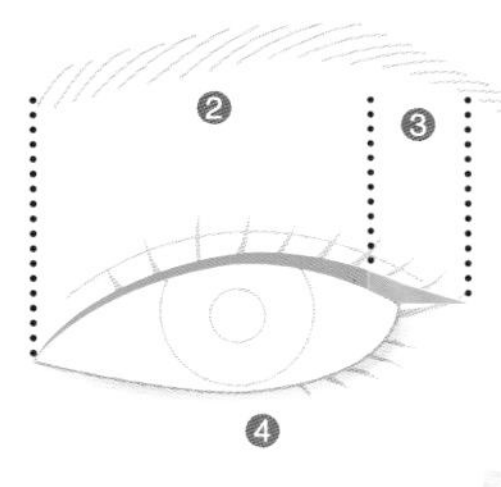

睫毛

卷翘睫毛展现可爱的一面

❶先用睫毛夹将睫毛夹出上翘的弧度，再涂上防水的黑色睫毛膏。为了防止睫毛粘连成块，用睫毛刷将睫毛梳开理顺。❷下睫毛涂上古铜色的睫毛液。明快靓丽的夏日海滩妆容，不可或缺的就是古铜色的下睫毛。

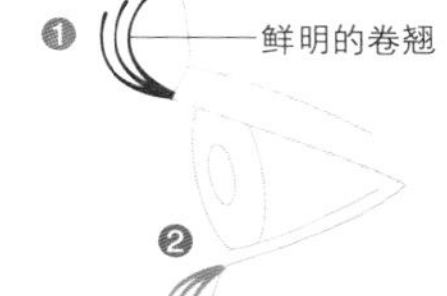

唇部

水润光泽的唇部妆容

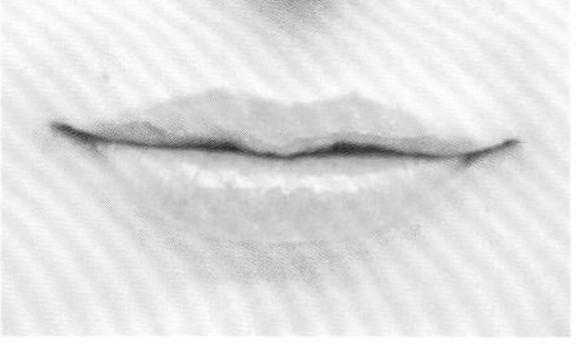

❶将橙色的唇彩涂在唇部，并将唇部线条勾勒出来。❷在上下唇的中部涂上闪亮的透明唇油，使整个唇部看上去水润光泽。

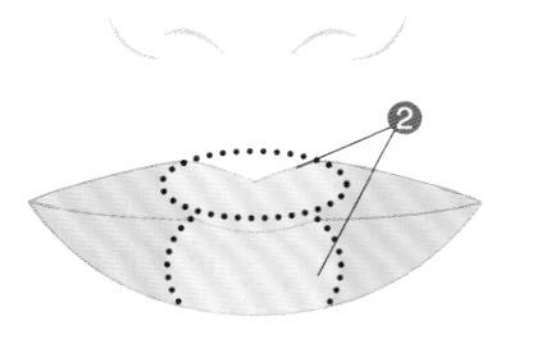

脸颊

腮红呈现海滩上的自然肤色

从脸颊中央向耳侧横向打上椭圆形的橙色腮红。鼻梁及脸部轮廓处也可轻轻打上腮红，呈现出自然的海滩肤色。

场景：

夏日清凉饮品的广告女郎在浪漫迷人的塔希提海边应当以怎样的妆容出现才能够使商品大卖呢？当然，最重要的是富有感染力的迷人笑脸。在塔希提的海边，让笑容与碧海蓝天和烈日骄阳同辉。再加上性感迷人的曲线，绝对能够吸引所有人的目光。让看到广告的人立刻被海边的浪漫氛围和海滩上的迷人少女所吸引。将头发随意束起，让整个人精神起来。两侧特意留出的鬓发随着走动和奔跑而轻舞飞扬，姿态万千。外出的妆容问题在于如果妆容过浅，在烈日下就会显现不出。所以妆容一定要凸显其效果，不能输给炎炎烈日以及色彩亮丽的泳装。

近距离接触也不必慌张！让他不由自主爱上你！

"恋人未满"进阶妆

人见人爱的妆容秘诀在于善于使用淡绿色和粉色的彩妆。这样的色彩搭配能够展示出纯情的一面，让约会对象不由自主地为你倾倒。

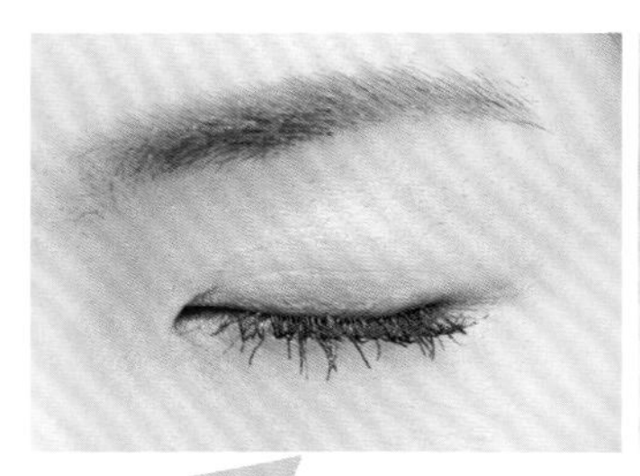

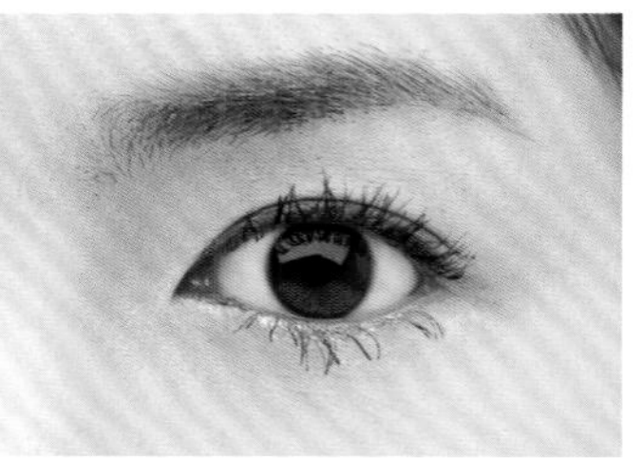

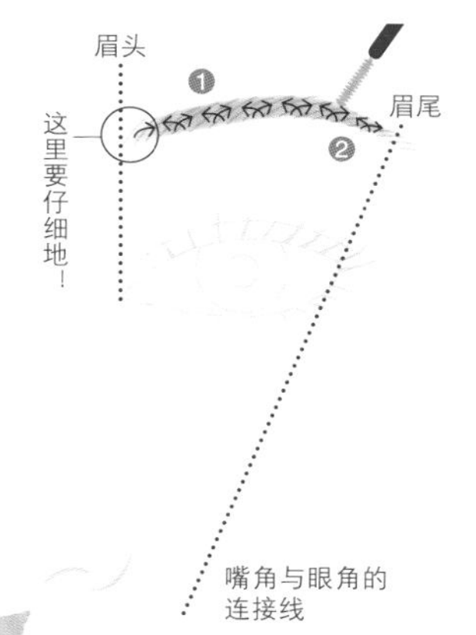

绿色眼影带来意想不到的效果

❶用眼影刷将绿色的眼影描画在整个眼窝处，使之均匀自然。❷瞳孔上方稍稍画浓一些。这样能够使颜色凸现出来，还能使瞳孔看上去更圆，眼神更加柔和。❸沿上睫毛根部画上同色系的眼线，使眼睛更加有神。❹下眼睑的内眼角及眼尾处稍稍画上眼影。❺瞳孔下方画上银色的眼影，使眼睛闪亮动人。

隐藏强势的性格

❶淡淡描画眉毛，使之自然呈现。用裸色系的染眉膏逆向染眉，淡化眉毛原本浓重的颜色。❷用眉刷将眉毛梳理整齐。接着，再轻轻涂上一层染眉膏，掩盖住强势的气息。

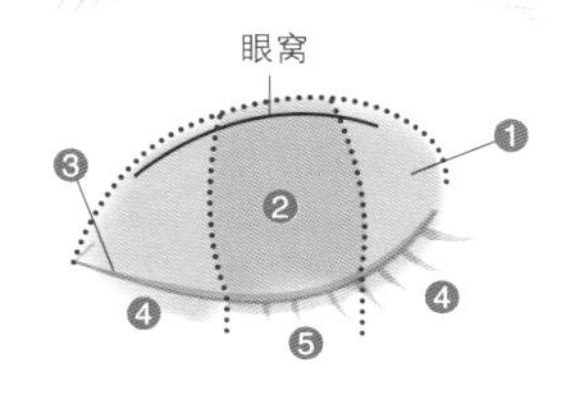

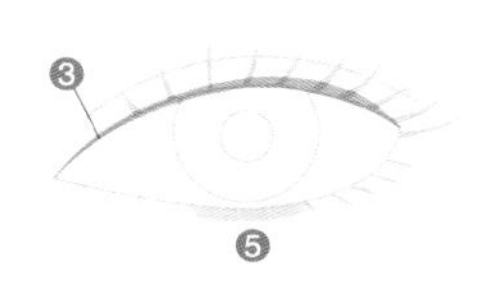

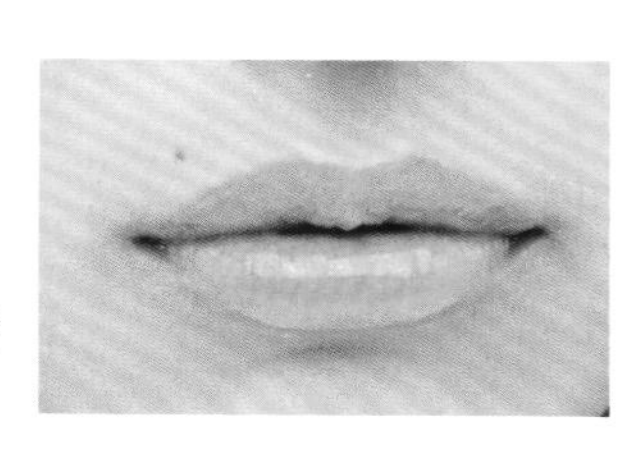

引人遐想的唇部妆容

将淡粉色系的唇彩涂在唇部中央，再向两端均匀涂抹开来。用唇油描摹唇部线条很容易溢出，所以描画时，取量少一些。

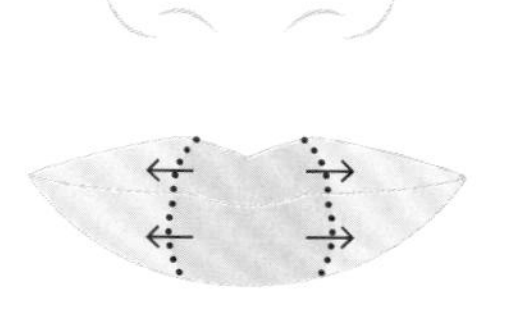

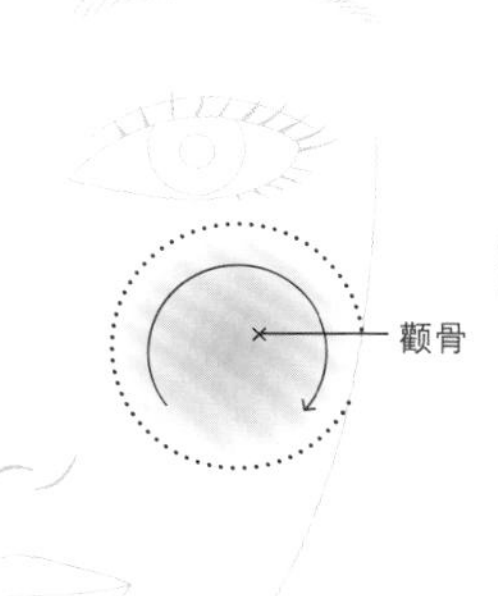

脸颊

腮红让气色变好

以颧骨为中心画圆的方式打上淡淡的粉色腮红。笑起来脸颊最突出的部位颜色稍浓一些。

详细步骤参照P71
化妆课程C

场景：

收视率飘红的偶像剧，讲述了由舰队英雄一跃成名的人气偶像，大学时期的珍贵友情与刻骨铭心的爱恋，是青春无敌的偶像剧。

这次的女主角是对男主角倾心的学妹，最值得一看的场面是女主角期盼已久的初次约会的场景。他送她回家的途中，公园外面朦胧的灯光下即将上演的是大家都熟悉的让人兴奋的浪漫戏码。为了不辜负这样浪漫的场景，女主角选择了一套优雅的白色连衣裙。妆容青春动人，非常耐看。透明的肌肤、红润的双唇是最重要的，粉嫩的脸颊更是将她的心事展露无余。

一丝不苟的精致职场妆容

彰显无敌魅力的职场妆

展现优雅的自我，将缺点不露痕迹地隐藏起来！
让注重事业的他臣服于你的知性美。

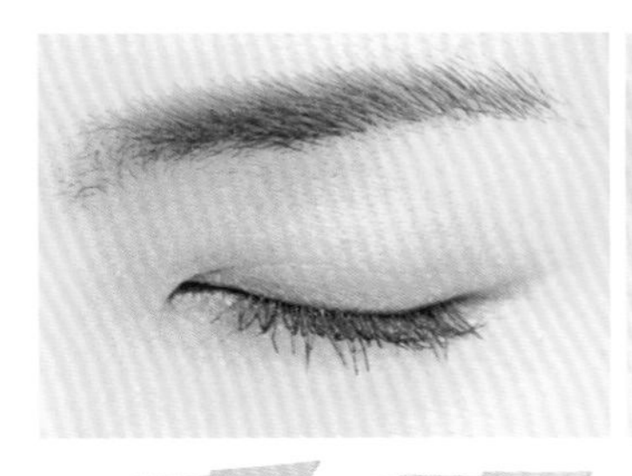

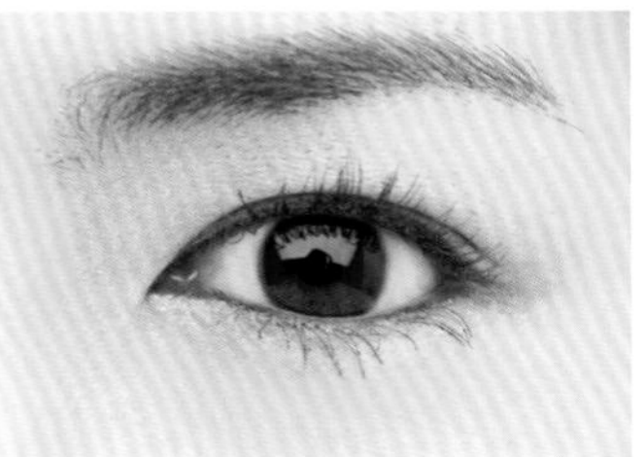

眼影 眼线

白色的眼影遮盖疲惫的姿态

❶在眼睑处画上象牙色的眼影，接着再涂上一层淡紫色的眼影。职业妆容不能过于华丽，因此，画眼影时，颜色不能描得过浓。❷用黑色的眼线液沿上睫毛根部画上1mm左右粗细的眼线。❸在下方的内眼角处打上淡粉色的高光，使眼神诚恳富有洞察力。长期使用电脑造成的眼部肤色暗沉当然也要好好遮盖一下。

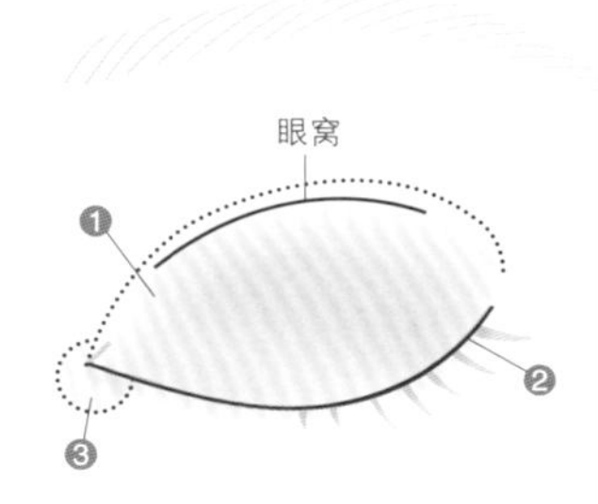

眉毛

横眉表达决心，有利于工作的进展

将眉尾设定在嘴角与眼尾的延长线上。用近似于眉毛本身颜色的棕色眉粉沿着眉毛下端描眉。眉毛下方的重点描画能够体现出不卑不亢的气质，使眉形自然。

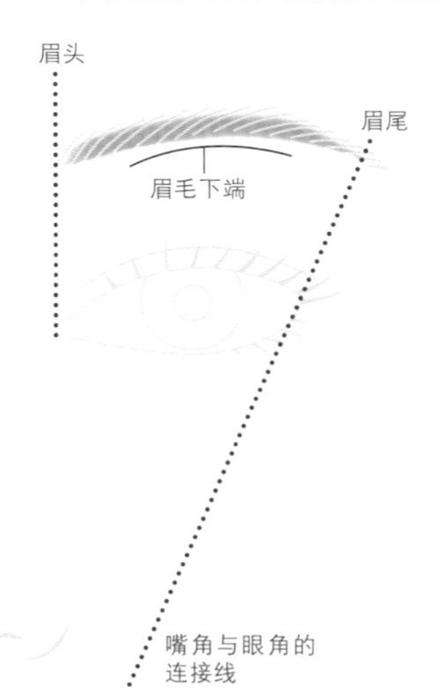

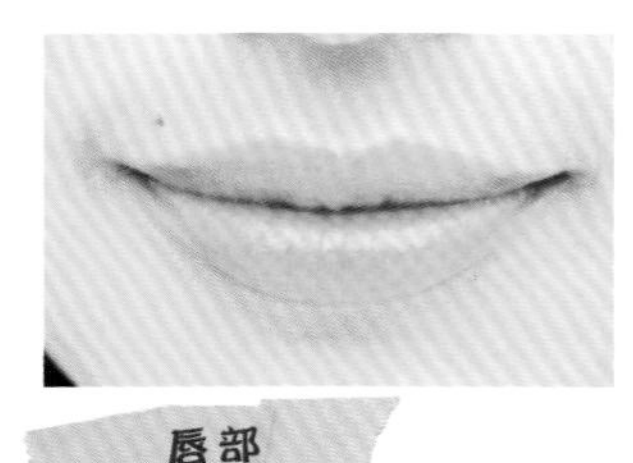

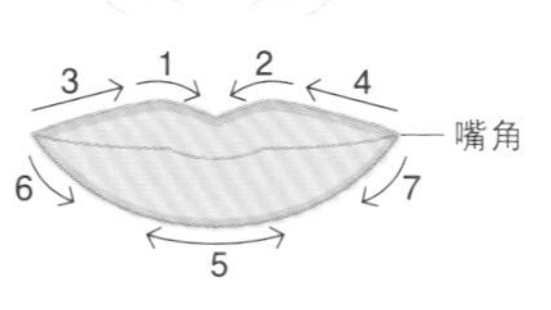

唇部

与唇色相比，唇部线条的勾勒更加重要

❶用化妆海绵在唇部涂上少量的粉底，遮盖住唇部原本的颜色。接着将珊瑚色的唇彩均匀涂在整个唇部。❷按照上唇中央、嘴角到上唇中央、下唇中央、嘴角到下唇中央的顺序用粉色的唇彩勾勒出唇部的线条，唇部也用唇刷涂抹均匀。

详细步骤参照 P71 化妆课程 D

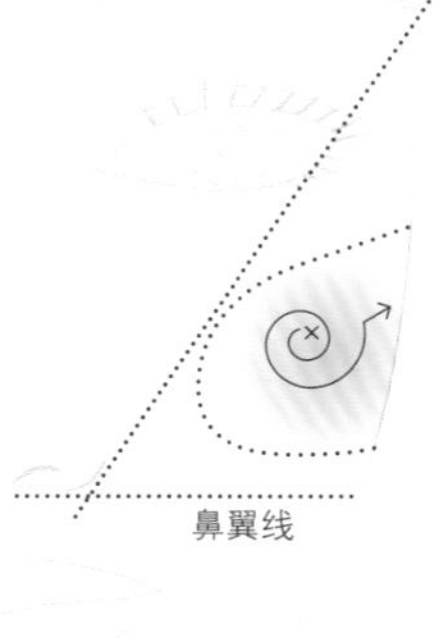

脸颊

自然的腮红

以颊骨为中心画圆的方式画上腮红。接着，向脸侧延伸，使腮红自然大方。

场景：

周一的办公室内。坐在电脑前，完成部长交代的任务——准备会议资料的她进公司已经五年了，已经成长为公司的中坚力量。她是刚进公司的新人们崇拜的对象，“我也要成为像她那样的人”。穿着干练的职业套装穿梭于职场中，在工作上从不抱怨，任何事情都能处理得尽善尽美。这样的她时刻给人清新干练的感觉，是公司众多年轻男性们心中的女神。她的妆容“大方脱俗”。干净的横眉，表达出强烈的决心并将私下里的活泼隐藏起来。她不仅能够在工作上游刃有余，恋爱中也是照样怡然自得，是现代职业女性的典型代表。

How to *Make* Lesson

化妆课程

Lesson A 打造完美侧脸的秘诀

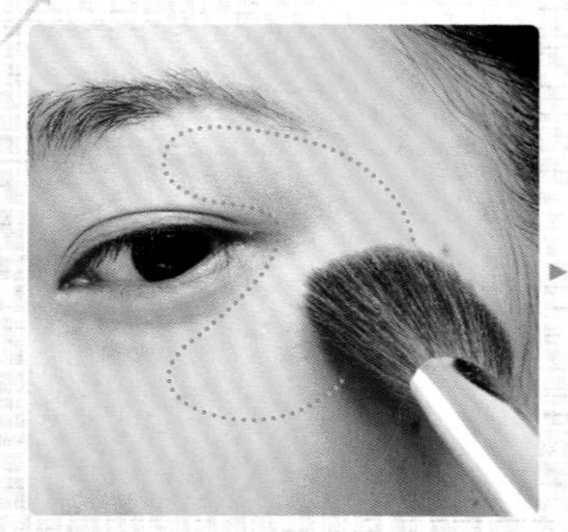

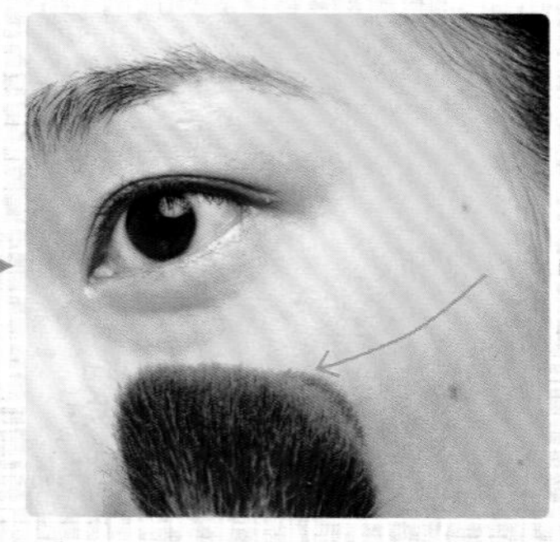

1 在外眼角的C型区域内打上含有金粉的高光，增强立体感。

2 从太阳穴至脸颊中央，从耳朵下方至脸颊中央打上暗色调的裸色腮红。浓淡相映，中央部位轻点即可。

3 从太阳穴至耳下纵向打上阴影，与鬓发自然相连，展现脸部的立体感。

Lesson B 缤纷色彩打造完美妆容

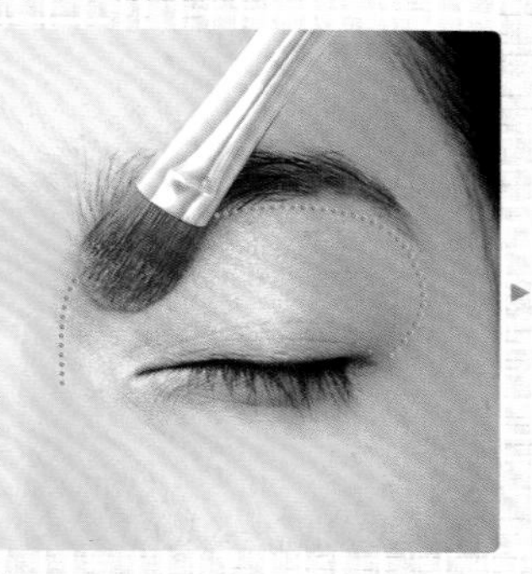

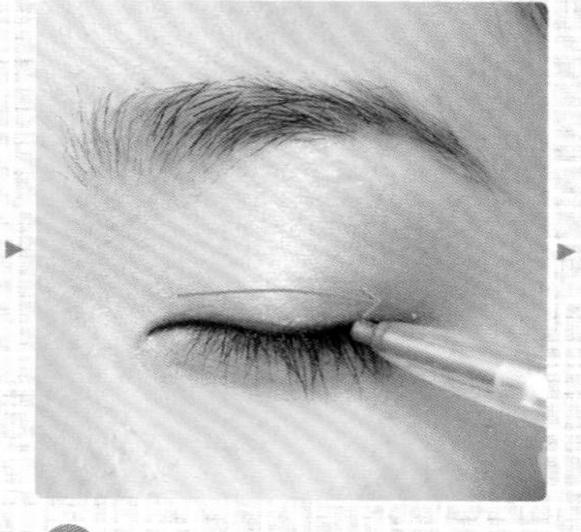

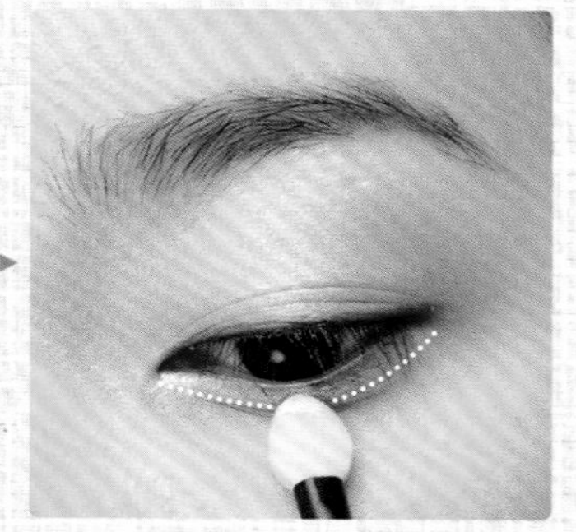

1 将含有亮粉的白色眼影均匀画在整个眼睑处，范围可扩大至从鼻侧到眉尾下端。

2 用彩色的眼线笔沿睫毛根部画上眼线，一气呵成，眼线可稍粗一些。

3 在下眼睑处画上淡蓝色的眼影。中间部分画得稍粗一些，营造出膨胀立体的感觉。

光泽诱人的唇部妆容

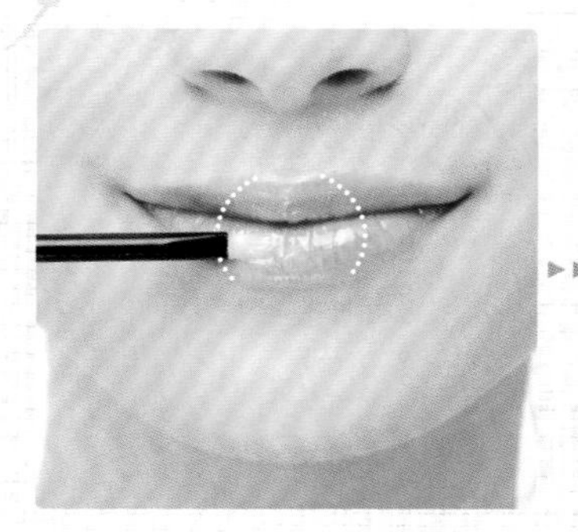

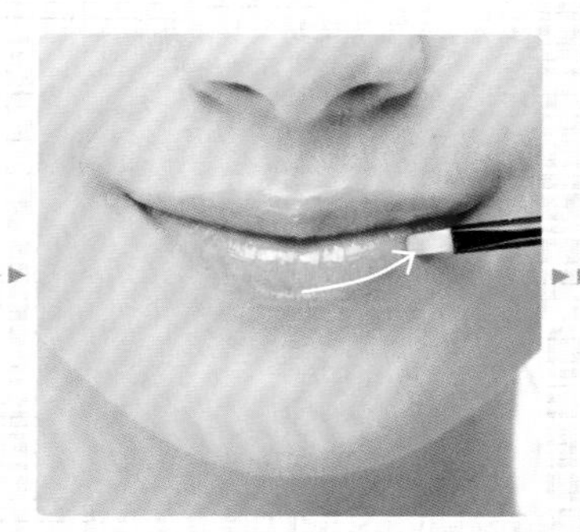

1 在上下唇的中间部位涂上淡粉色的唇彩，然后向两侧晕开。

2 下唇的中央至嘴角部位勾勒出唇部线条。用唇油勾勒唇部线条时很容易溢出唇外，所以，勾画时用量可适当减少。

3 上唇与下唇相同。中间部分光泽红润，整个唇部妆容甜美诱人。

傍晚时分依然精神百倍的职场妆容

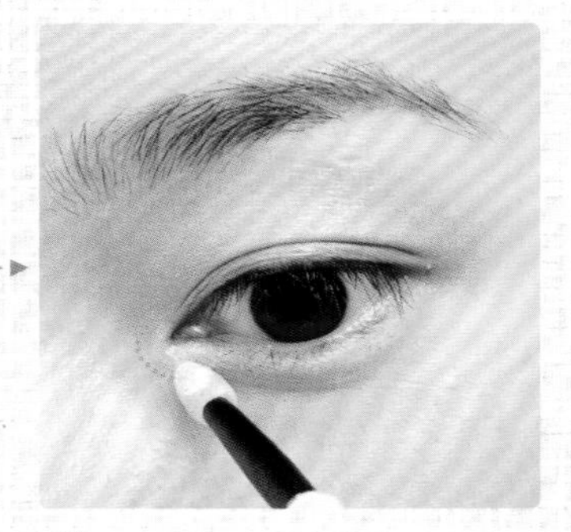

1 在整个眼睑处涂上淡紫色的眼影。淡紫色是除去暗淡眼神的法宝。

2 沿睫毛根部从内眼角至眼尾画上黑色的眼线。眼线不能画得太粗，可用棉棒辅助调节。

3 在内眼角打上高光，使眼睛明亮动人。

Chieko Ochi

越智千惠子小姐

精致妆容搭配时尚发型打造明星范儿

简 历

当红模特、演员，2008年8月8日结婚。结婚后，细心照料丈夫的生活起居，在料理方面尤其擅长。著作《给老公的爱心便当》中介绍了许多料理心得，深受女性的欢迎与喜爱。平常非常注重保养与养生。

妆容A

纯情可爱的邻家女孩

妆容B

魅力四射的时尚名媛妆

妆容C

时尚干练的得力助手妆

妆容D

酷劲十足、性感迷人的艺术家

电影《我为玛丽狂》中玛丽的妆容

纯情可爱的邻家女孩

开朗可爱的女孩，妆容清淡雅致，不仅能吸引异性，还能博得同性的好感。

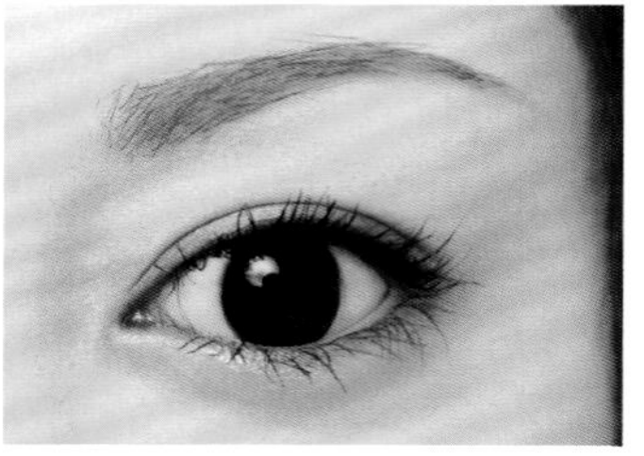

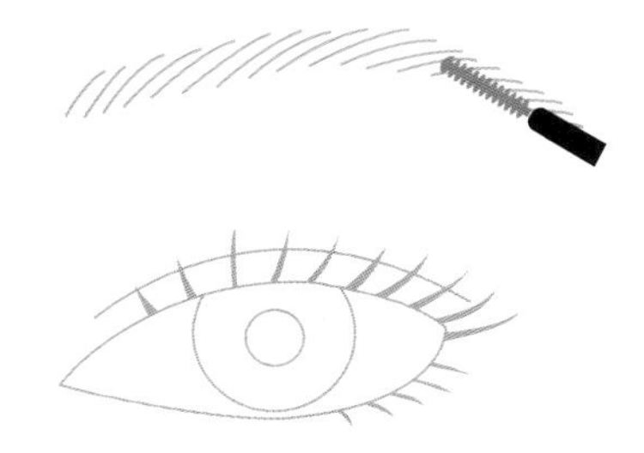

眼影　眼线

自然眼妆打造炯炯有神的双眼

❶在上眼睑处画上白色的眼影，接着在眼窝处描上一层橙色的眼影。❷从距离内眼角5mm部位起向眼尾方向画上眼线，可稍稍向眼尾外延伸，这样能够使眼睛看起来变大。❸在下眼睑眼尾起2/3的部位画上橙色的眼影，使双目炯炯有神。最后，将睫毛夹成卷翘的弧度，涂上睫毛膏。

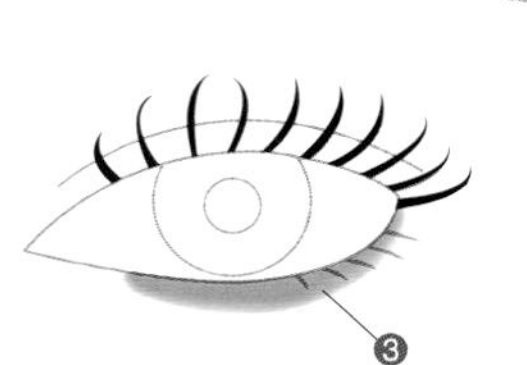

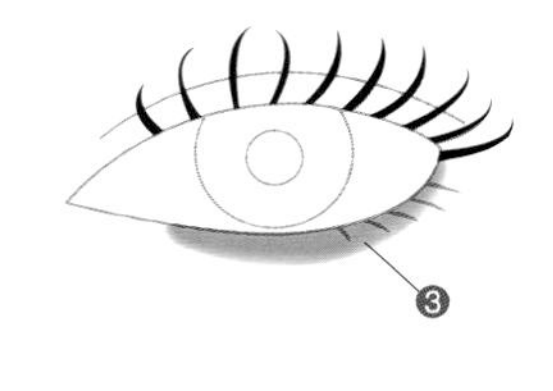

眉毛

自然的眉形

将眉毛修成稍短的一字眉。用染眉膏将眉毛颜色染得亮一些，染完后用眉刷将眉毛理顺，是眉毛自然大方。

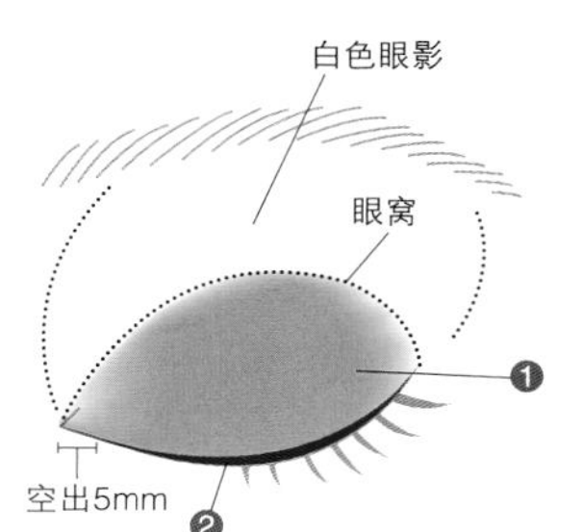

脸颊

自然光泽的肌肤

从微笑时脸部最突出的颧骨位置向脸侧打上粉色的腮红，打造笑靥如花，楚楚动人的美女形象。

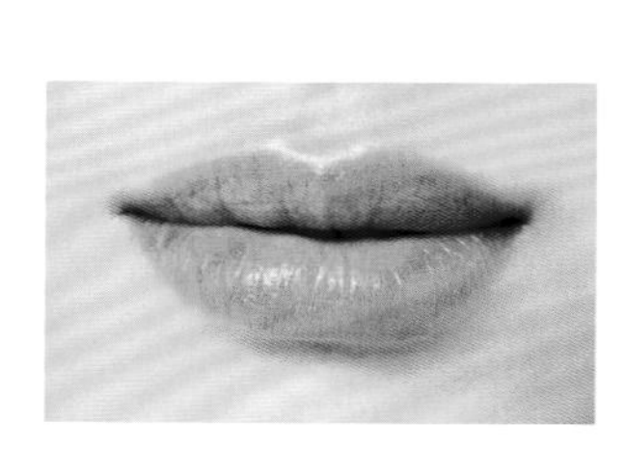

唇部

性感红唇

直接在唇部涂上口红。用口红的边缘从嘴角向唇部中央勾画出唇部的线条。

详细步骤参照 P82
化妆课程 A

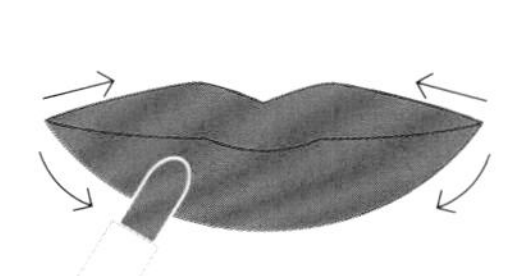

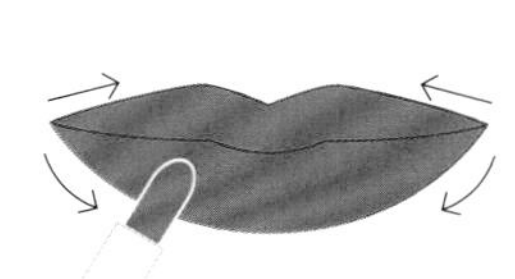

场景：

玛丽既聪慧又可爱。因为她的个性开朗可爱，所以她的同性朋友非常多。对残障弟弟的悉心呵护，对任何人都报以天真烂漫的笑容，都让她深受他人的喜爱，身边的朋友自然也越聚越多。她相信人性的善良，即使在恋爱中不断受挫，也总能够正面积极地看待，这样的玛丽当然会拥有好人缘！

电视剧《橘子郡男孩》中女主角玛丽莎的妆容

魅力四射的时尚名媛妆

为了展现出女人味，眼部及唇部的妆容要加强。另外，高光的使用也是非常关键的。

眉毛

用亮色的染眉膏将眉毛颜色淡化

用金棕色系的染眉膏将眉毛染色，用眉刷将眉毛梳顺，使眉毛显得柔和。

眼影

粉色+棕色眼影打造吸引异性的甜美眼妆

❶在眼窝处画上淡粉色的眼影，接着在眼尾处描一层深粉色的眼影。❷接着，沿睫毛根部画上棕色的眼影。眼尾1/3处画得浓重一些，营造出立体感。

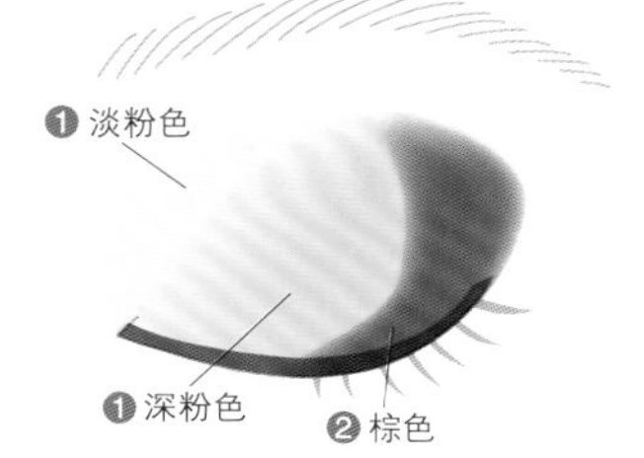

眼线

灵活运用高光效果

❸用白色的眼线笔沿下睫毛根部画上内眼线。❹在下眼睑处画上白色的眼影。

唇部

光泽诱人的双唇

先涂一层含有金粉的橙色系唇彩打底，再将普通的橙色唇彩均匀涂在唇部。液体唇彩的光泽度高，会令唇部水润光泽。

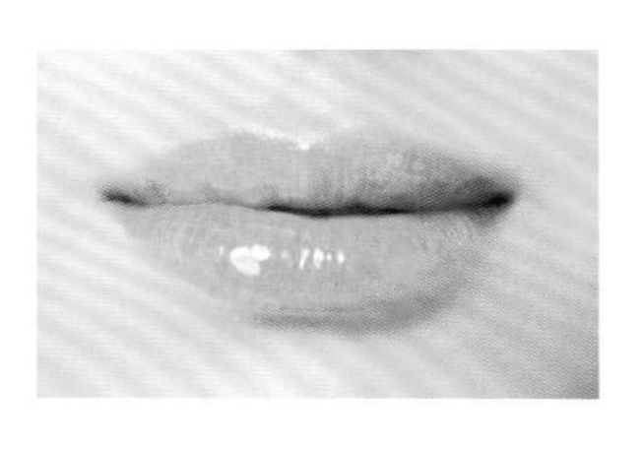

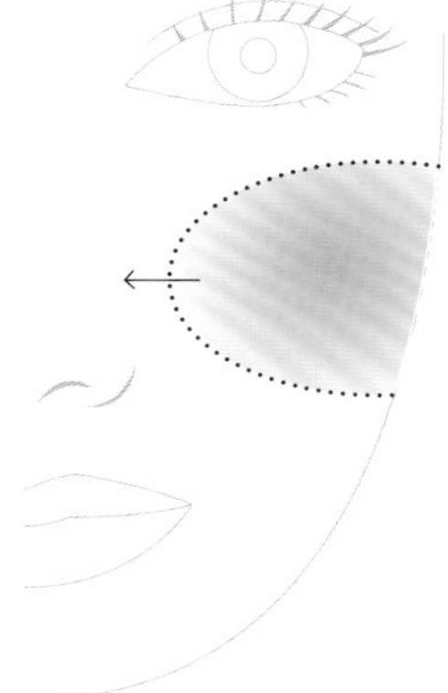

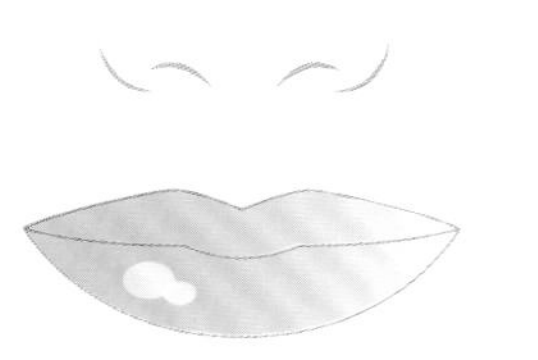

脸颊

光泽有弹性的肌肤

选择具有光泽度的橙色腮红，轻轻拍打在脸颊处。画完腮红后，表情更加活泼动人，引人注目。

详细步骤参照 P82
化妆课程 B

场景：

玛丽莎出生在富裕的家庭中，成长过程一帆风顺，不仅长得漂亮，成绩也非常优秀，在学校里是人人羡慕备受瞩目的“大小姐”。一次偶然的邂逅让她的人生发生了重大改变。虽然她有个成熟稳重的男友，但是仍想尝试新的恋爱，所以她频频出席晚会或是学生会组织的时装秀。

作为富家女，玛丽莎的穿着品位当然不凡。她似乎生来就知道该如何将自己塑造成人见人爱的完美女人。

电影《穿普拉达的恶魔》女主角安迪的妆容

时尚干练的得力助手妆

干练有神的双眼加上细腻光泽的肌肤，表现出知性的美感和坚决的态度。

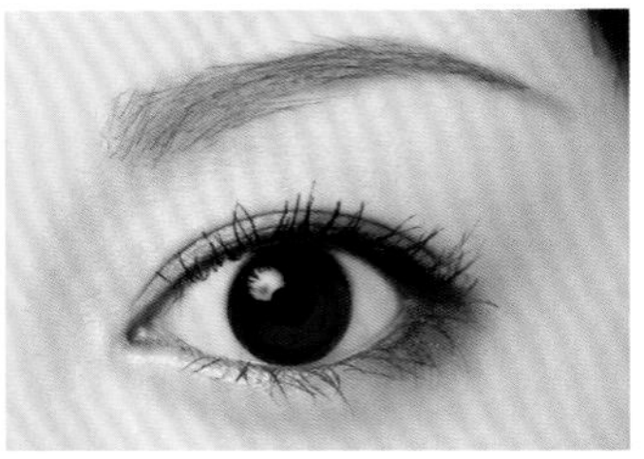

眉毛

弯弯的柳叶眉

选择比眉毛本身颜色暗一些的眉笔描画眉毛。眉头与没毛下方画得稍微弄一些，表现女性的知性美。

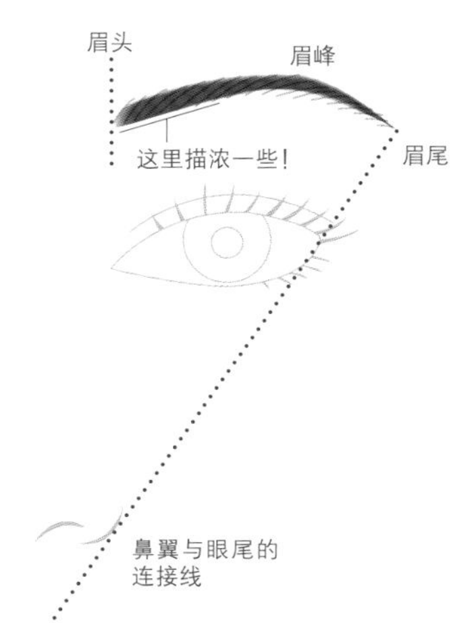

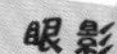

眼影　眼线

层次分明的灰色眼影

❶在上眼睑的整个眼窝处画上亮灰色的眼影，接着在双眼皮描上含有亮粉的深灰色眼影，营造出立体感。❷在眼尾处打上阴影，下眼睑的眼尾处画上深灰色的眼影。❸沿着睫毛根部画上黑色的上下眼线。眼尾无需延伸，自然为上。下眼睑的内眼角部分，眼线画得细一些。最后，粘上有质感的假睫毛，涂上睫毛膏。

详细步骤参照 P83 化妆课程 C

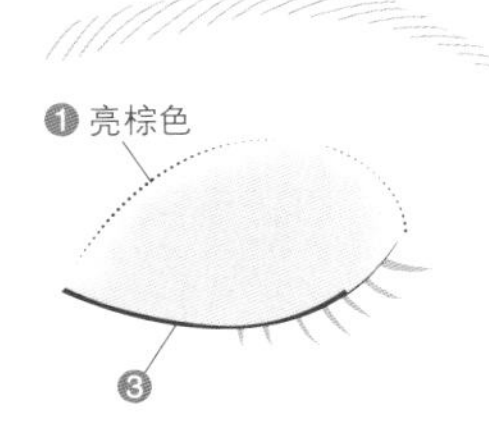

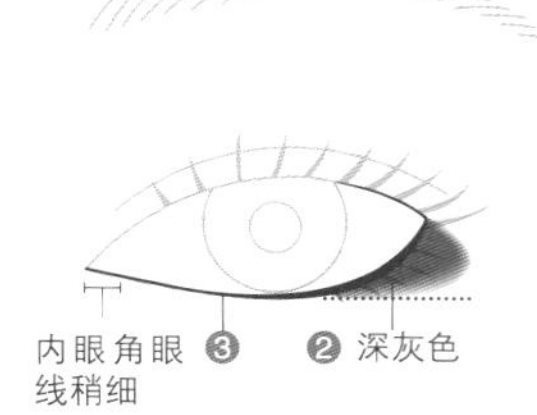

唇部

性感丰唇

选择大红色的口红，用唇刷勾勒出唇部的线条。上下唇的中间部分稍稍向外，使唇部看上去更加丰盈。

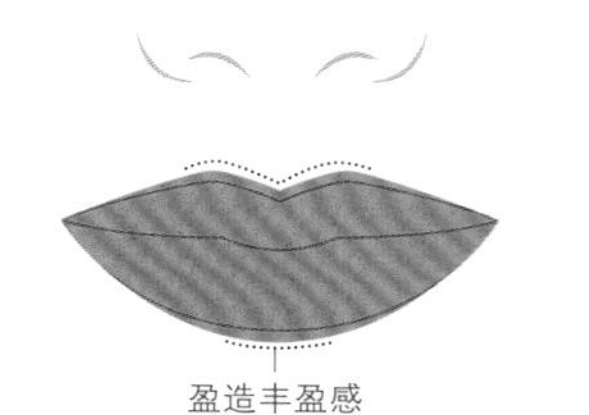

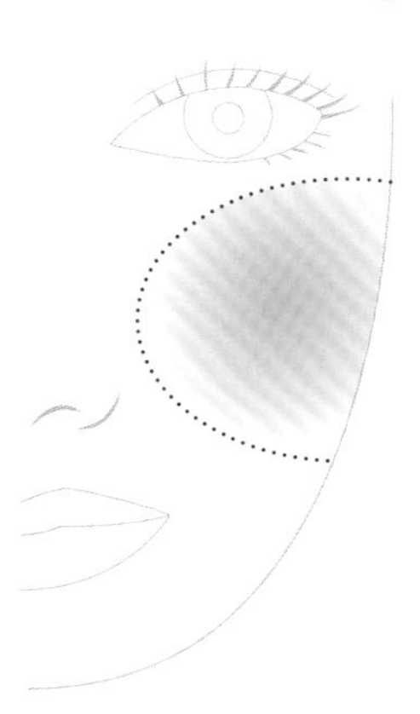

脸颊

玫瑰色腮红使妆容成熟又不失甜美

将色彩艳丽的玫瑰色的腮红轻轻打在脸颊处，可稍稍延伸至脸侧，使妆容更加温婉可人。

场景：

安迪大学刚毕业时的理想是当一名出色的记者，所以，在大学期间，她为了理想努力学习，并不在意自己的穿着打扮，但是，她的第一份工作却是纽约时尚杂志的编辑助理。杂志的总编辑是时尚界的达人，被称做“穿普拉达的恶魔”，成为她的助理后，安迪的人生发生了翻天覆地的变化。她渐渐被时尚所感化，穿着变得有品位，逐渐变身为时尚潮人。

电影“午夜巴塞罗那”女主角玛利亚的妆容

酷劲十足、性感迷人的艺术家

小动物般的细小脸颊，妆容掩盖下的女人味与小性感，酷劲十足。

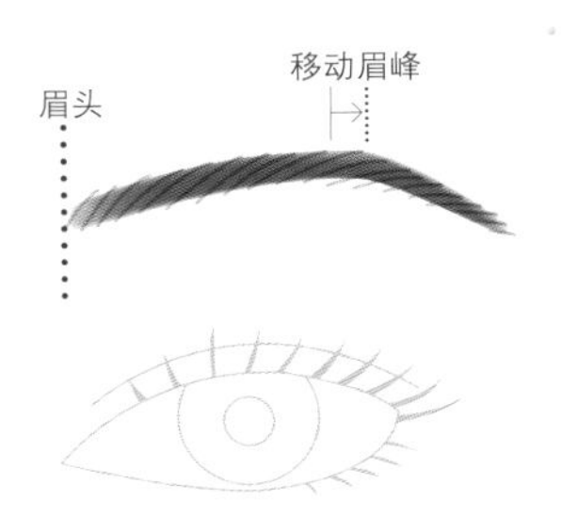

眼影　眼线

高光使双眸闪亮

❶在眼窝处画上卡其色的眼影，使眼睛立刻明亮起来。❷接着，在上眼睑处沿睫毛根部画上深棕色的眼影。眼尾可稍稍上扬。❸在眼窝的中央部分左右横向打上高光。在与深棕色眼影的色彩对比下，眼睛更加具有立体感。下眼睑的内眼角处也稍稍打上白色的眼影，使眼部妆容更加楚楚动人。

详细步骤参照 P83 化妆课程 D

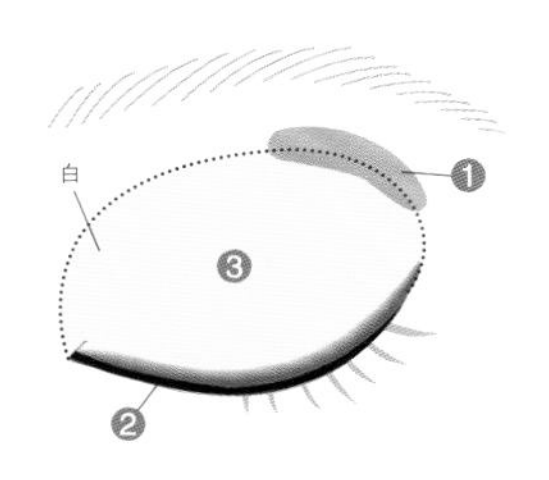

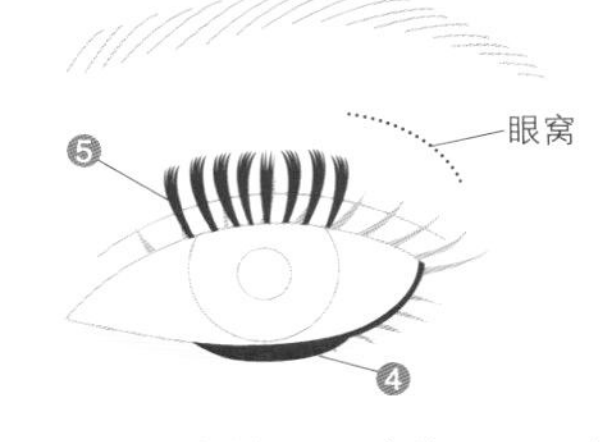

❹瞳孔下方的下眼睑处至眼尾部分画上黑色的眼线。瞳孔下方画得稍粗一些，在性感中添加一些可爱的元素。❺上眼睑处瞳孔上方的部位贴上假睫毛，使双眸更加有神，让人印象深刻。

眉毛

清新淡雅的眉妆

眉峰向外稍稍移动，描画出一字眉形。用深棕色的眉笔将眉峰至眉尾自然勾连，然后，从眉头至眉尾仔细描画，使之自然。

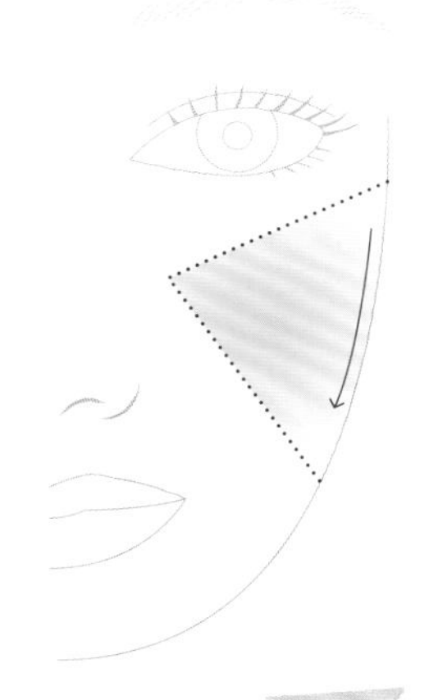

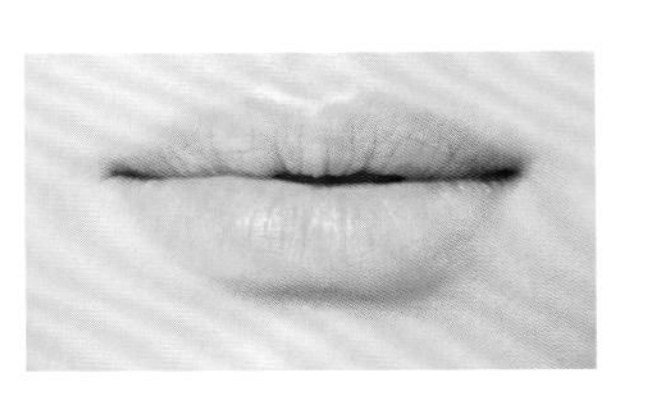

唇部

棕色唇彩的完美演绎

用粉底遮盖住唇部原本的颜色，用无名指将棕色系的唇彩涂在唇部。注意颜色不要过深。

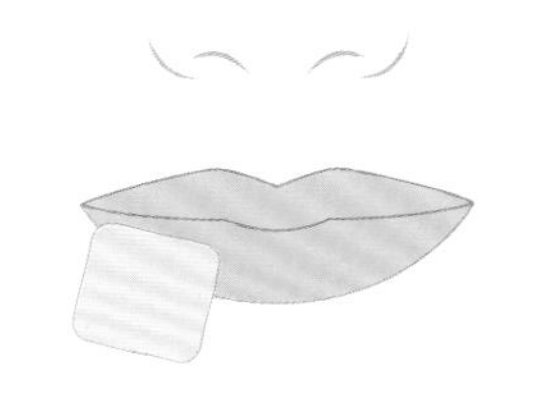

脸颊和阴影

腮红与阴影的巧妙运用

❶在脸颊处打上裸色系的腮红，模糊脸部轮廓。❷接着再打上颜色稍深一些的腮红，营造立体感。腮红的位置为图示中的三角区域，这样的腮红更显成熟更具立体感。

场景：

电影《午夜巴塞罗那》讲述了发生在某个夏天里的从三角恋发展到四角恋的超乎想象的恋爱情节，是一部非常浪漫的喜剧电影。

电影中，艺术家的前妻玛利亚脾气非常暴躁，她的行为从不按常理出牌。虽然如此，她的魅力仍是无可阻挡的，不论男女都会为她倾倒。她的最大魅力在于她独特的气场，天真无邪的双眸，性感的嘴唇，自然散发的女人味，无不让人着迷。

Lesson A

巧用口红的斜面

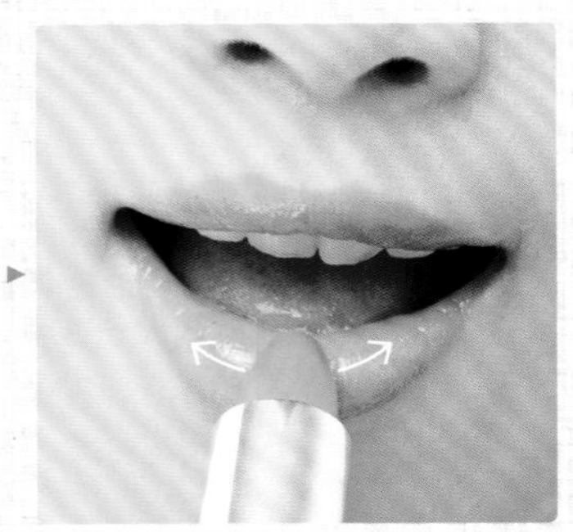

1 将口红的斜面与嘴唇接触，从嘴角至中央轻轻抹上口红。

2 下唇也相同。涂抹时注意不要溢出唇外。

3 上下唇涂抹完毕后，在唇部中央再轻轻抹上一层，使唇部光泽诱人。

口红斜面

Lesson B

呈现健康肤色的腮红画法

1 手持腮红刷以颧骨为中心向耳侧方向打上橙色腮红。

2 接着，在鼻梁处横向打上些腮红。在脸部最突出的部位打上腮红能够呈现出自然健康的肤色。

3 在步骤1的基础上，范围稍稍扩大，打上金色的腮红，使肤色看上去更加健康自然。

Lesson C 展现眼部光彩的妆容技巧

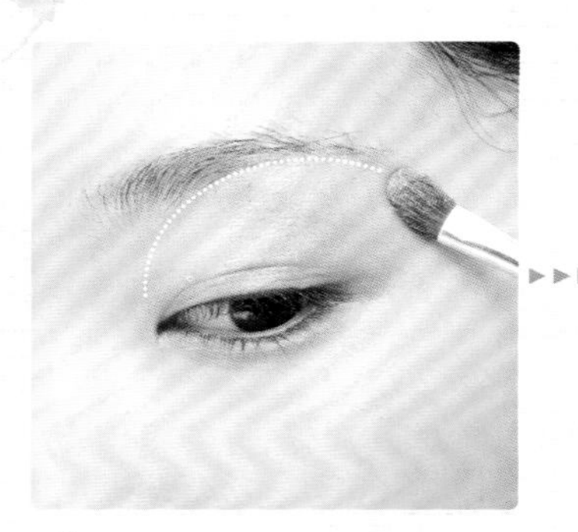

1 在眉毛下方的整个区域内画上亮灰色的眼影。

2 接着，在上眼睑处沿睫毛根部从内眼角至眼尾画上深灰色的眼影。为了突出下眼睑部分的妆容，上眼线可稍短一些。

3 瞳孔下方外侧至眼尾部分画上与步骤2同色眼影。眼尾部分可微微向下。最后，将上下眼线自然勾连。

Lesson D 似欧洲人一般的深邃眼眸

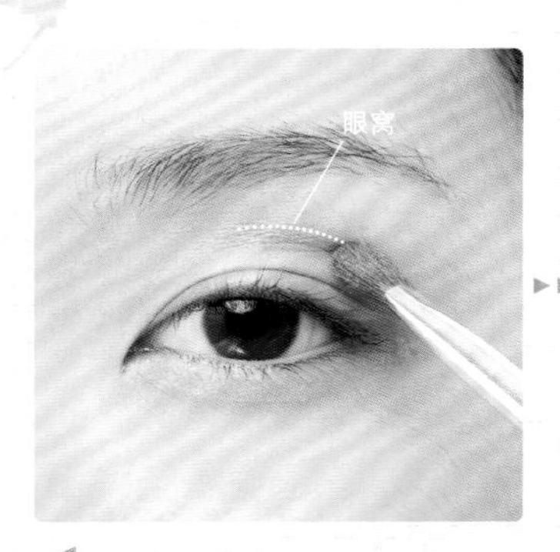

1 直视镜中的自己，在上眼睑处画上卡其色的眼影。画眼影时，沿着眼窝的线条画至眼尾2/3处即可。

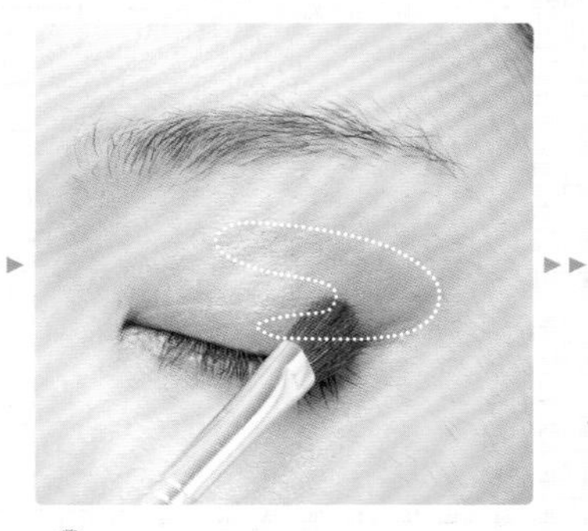

2 用与步骤1同色的眼影在上眼睑处画C形，营造出阴影的感觉。接着，沿睫毛根部从内眼角至眼尾部分画上棕色的眼线，也可使用眼线液。

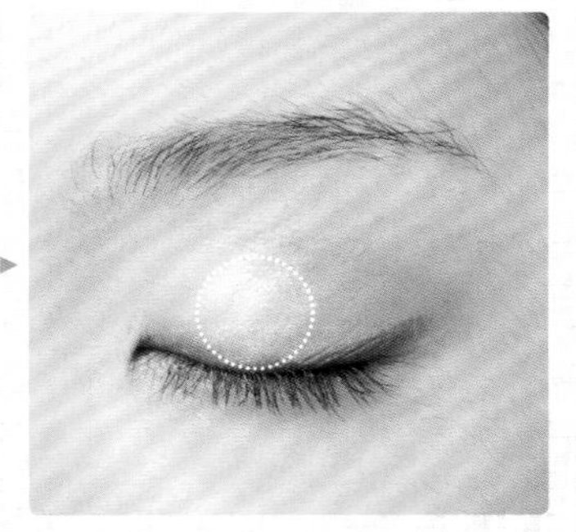

3 用手指蘸上些许白色的眼影，轻轻涂在上眼睑的中央部分。这样做能够使目光变得深邃。

Shawra

小辣小姐

视觉上呈现瘦脸效果的“小脸妆容”

简 历

1986年8月28日出生于夏威夷。知名时尚杂志模特，音乐广播主持人，前途不可限量。

完美的电眼娇颜妆

热情主动的个性小脸妆

英伦范儿的摩登女郎妆

度假时的性感娇颜妆

D

打造人见人爱的娇颜，眼影与腮红的颜色是关键

完美的电眼娇颜妆

精致的眼妆及大范围的腮红能让你的脸部瞬间缩小。眼部妆容凸显眼窝，使五官更加立体。

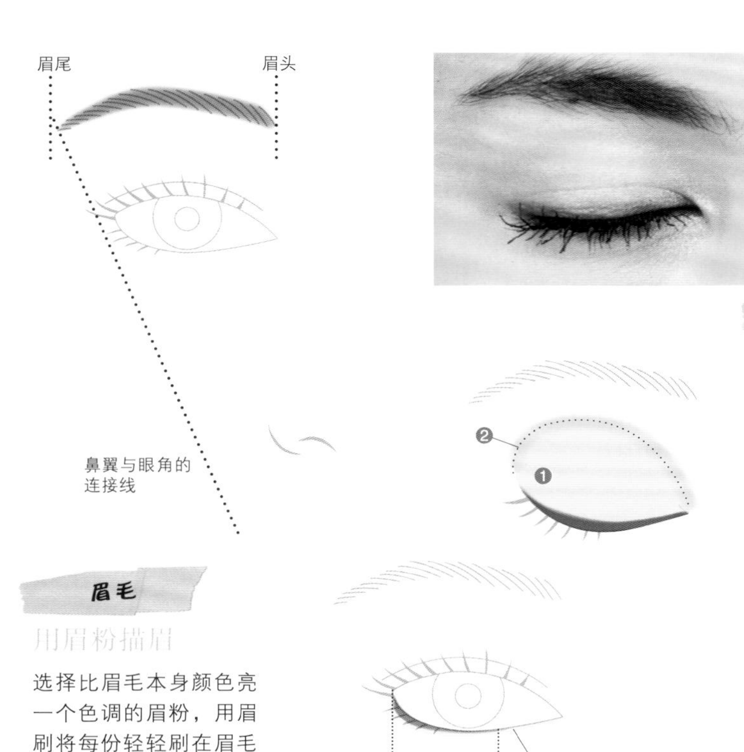

眉毛

用眉粉描眉

选择比眉毛本身颜色亮一个色调的眉粉，用眉刷将每份轻轻刷在眉毛上，使之均匀自然。

眼影 眼线

凸显眼窝、五官更加立体

❶将橙色的眼影均匀涂在眼窝处。选择含有亮粉的眼影能够使眼部更加闪烁动人，富有夏天的气息。❷接着，为了凸显眼窝，将棕色的眼影画在眼窝处。增强眼睛的立体感，展现亮丽容颜。❸为了使步骤2的棕色眼影与肌肤更好地融合，再画上一层与步骤1相同的橙色眼影。❹在下眼睑距离眼尾2/3的部分画上棕色的眼影，使眼睛变大。❺沿着下睫毛的根部画上金色的眼影，与棕色眼影重合，让眼部妆容更加华丽。

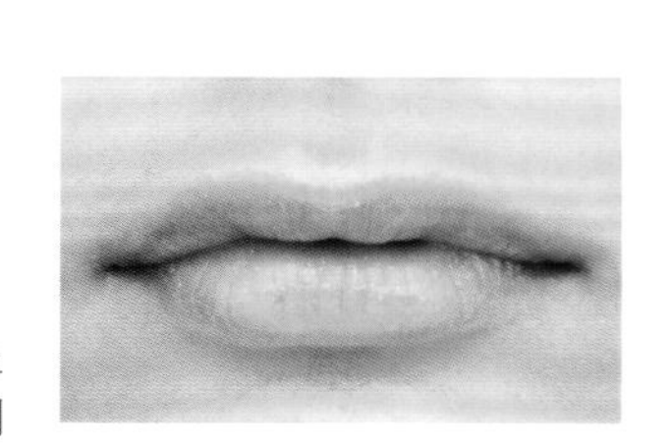

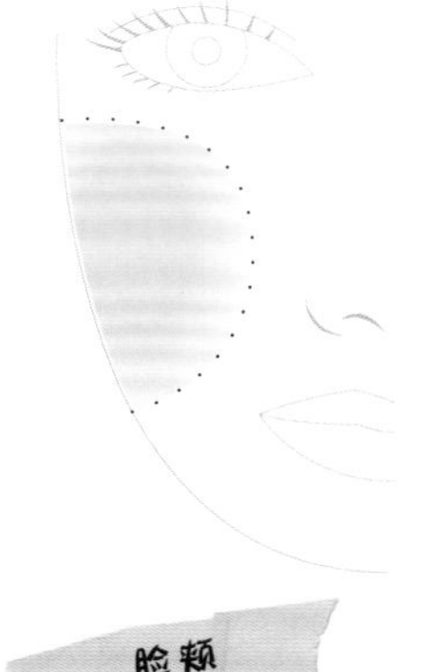

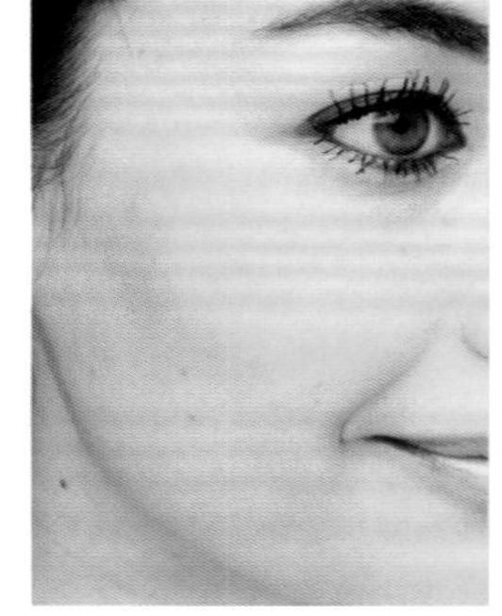

唇部

粉嫩唇妆

❶先在唇部中央涂上透明的唇油，向两侧晕开。❷上下唇的中部再涂上一层与步骤1相同的唇油，提升唇部的亮泽度。

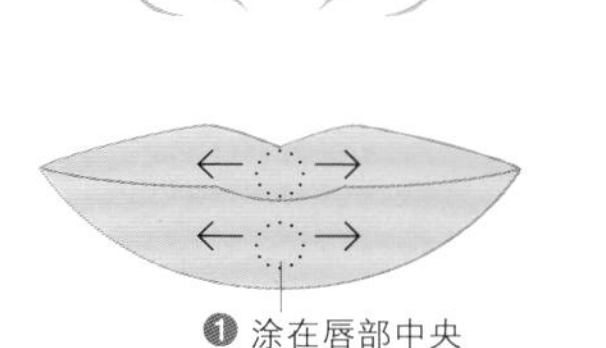

脸颊

让脸部瞬间变小的腮红

将粉色系的腮红以打圈的方式画在脸颊处。以颧骨为中心向外扩散的腮红，让脸部看上去小了很多。

详细步骤参照 P94 化妆课程 A

场景：

两年前，我历尽艰辛终于考上了著名大学的经济学部。我的性格比较大而化之，像男孩子一样，所以虽然我的男性朋友很多，却没有固定的男友。但是，我对任何事情都喜欢追根究底。

有一次，我在理发店翻到一本女性杂志，里面有一篇叫做《眼睛放电大作战》的特集。看完那本杂志后的几周时间内，我沉迷于化妆，尤其是眼部妆容。那以后，我便养成了化妆的习惯。昨天，回家的途中，突然有个学弟跑到我的跟前对我说“请跟我交往吧！”我居然被告白了。说实话，这是我第一次被男生告白，所以心里早已小鹿乱撞了。“告白事件”之后，我把这件事告诉了我的男性好友，谁知他的反应竟然是“比起那个小学弟，你还不如选择我呢，我们交往吧”，又被告白了……最近，班上的男孩都在讨论我，“她变瘦变漂亮了”。不管是小学弟还是我的男性好友们，从他们的反应来看，难道男生都如此单纯吗？趁现在与我的那位同班同学交往倒是个不错的主意。抓住大学生活的尾巴，好好享受恋爱的甜蜜，让最后的校园时光更加充实更加精彩。

浓眉+下眼影 瞬间缩小脸部

英伦范儿的摩登女郎妆

想要使妆容不失时尚感同时又能达到缩小脸部的效果，下面的妆容技巧你不妨一试。
运用这些技巧，不仅能够达到视觉上的瘦脸效果，还能打造出摩登女郎的炫丽妆容。

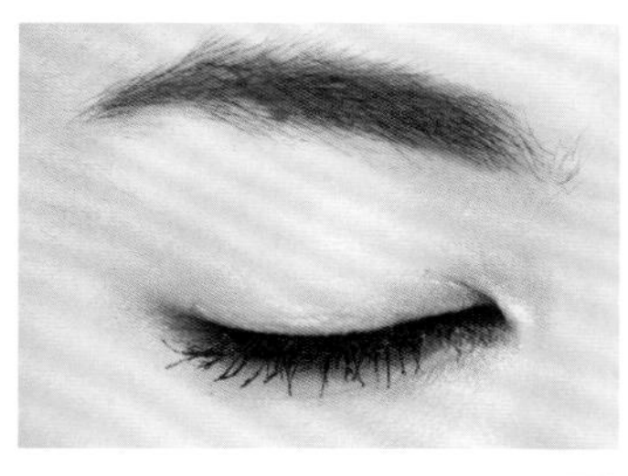

眼影 眼线

运用蓝色眼线使脸部变窄

❶在下眼睑处使用有聚拢效果的深蓝色眼影。稍长的下眼线能够拓宽眼部，从而达到缩小脸部轮廓的效果。❷在此处使用较步骤1处深一些的蓝色眼影，同时画下眼线。❸使用与步骤2同色的眼线笔，画上眼线。画眼线时要注意连贯均匀。

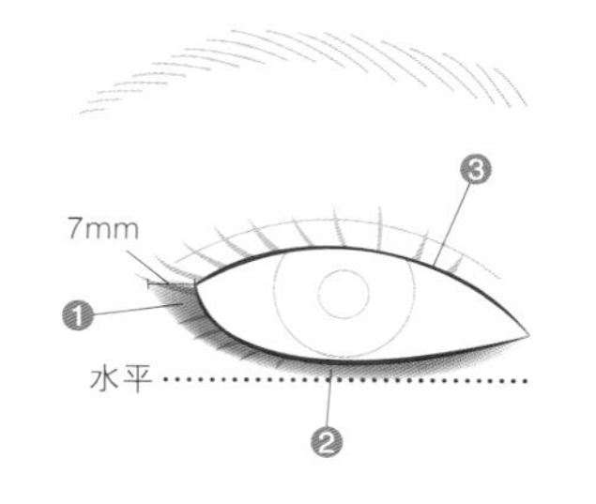

眉毛

浓眉让眼睑不再水肿

❶描眉的关键在于短而直。眉尾在嘴角与眼角的延长线上为宜。用灰色系的眉笔从眉线下方慢慢将眉毛画浓，浓眉能够起到视觉上缩小脸部的作用。❷用眉刷将所画眉线晕开。若往眉毛下方晕开，能使眼睑处看上去变窄，五官更加立体。

详细步骤参照 P94 化妆课程 B

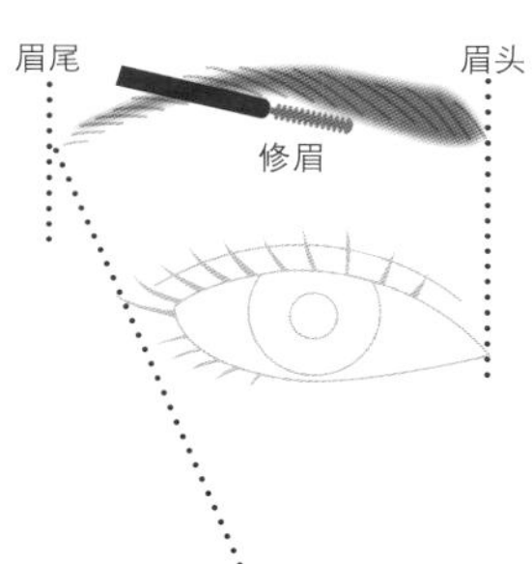

唇部

选择棕色口红凸显唇部

画口红时，要在唇部轮廓的范围内将口红擦拭均匀。

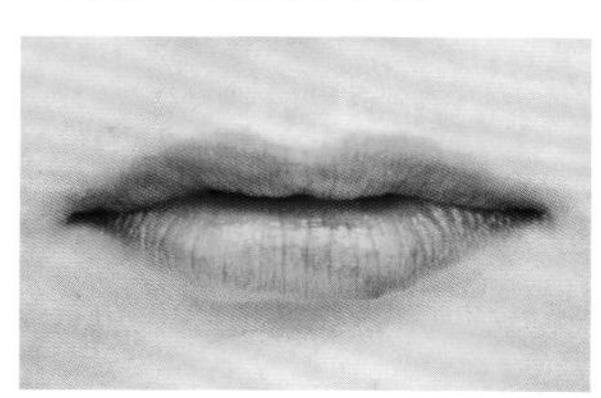

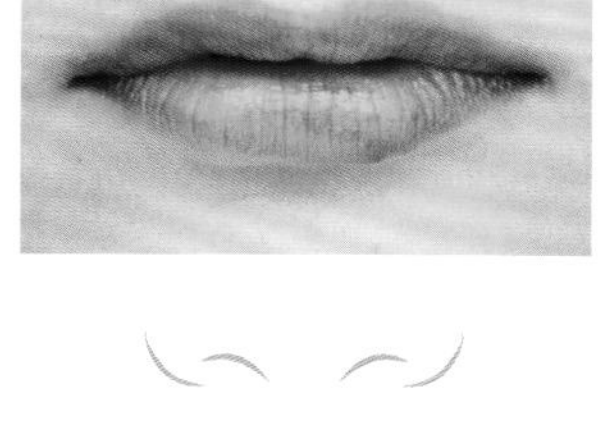

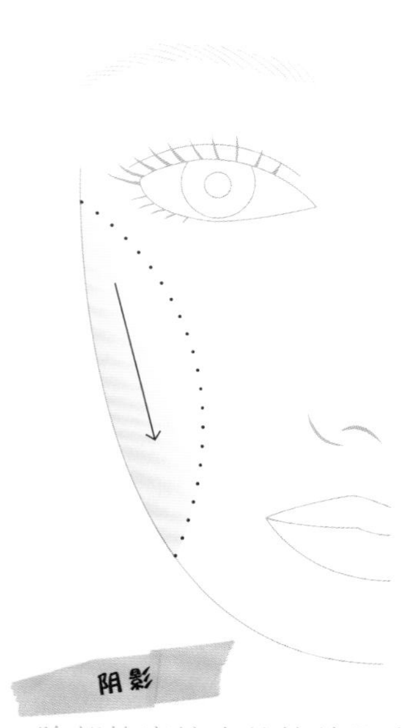

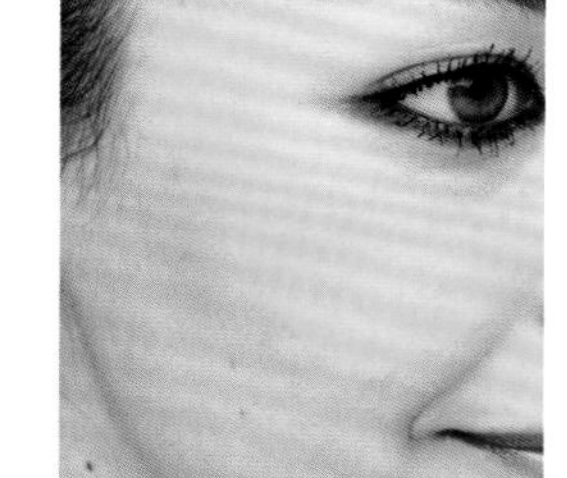

阴影

脸部轮廓缩小的简单秘诀

用比底妆色调暗一些的粉饼，在脸部两侧纵向打上阴影。光线的明暗效果能够使脸部轮廓变小，五官更加立体。

场景：

作为一名自由职业者，我从事流行饰品设计工作已逾三年。起初只是将自己设计的商品交由熟识的小店铺代为销售，近来珠宝设计的订单日渐增多，正觉形势大好。男友是服装设计师，我俩在专科学校读书时开始交往，我们拥有一个共同的梦想，那就是将来有一天在伦敦街头经营一家属于我们的小店。为了实现这个梦想，我一心扑在工作上，无暇顾他。突然，有一天，男友说："你是否胖了？长得变样了呢。"一句话于我犹如晴天霹雳。恐怕是最近时常加班至深夜，夜宵甜食也确实吃了不少，加之工作繁忙疏于妆扮，这才给他造成不好的印象。这样下去，被甩是迟早的事。规范生活自不必言，当务之急是好好打扮自己。颠覆过往一成不变的妆容，变身为受他青睐的英伦范摩登女郎！

位置上移的腮红与丰润红唇让妆容更加迷人

热情主动的个性小脸妆

丰润的红唇有非常惹眼的效果。烈焰红唇散发出的浓浓女人味将你恋爱胆小鬼的毛病彻底改掉，变得积极主动起来。

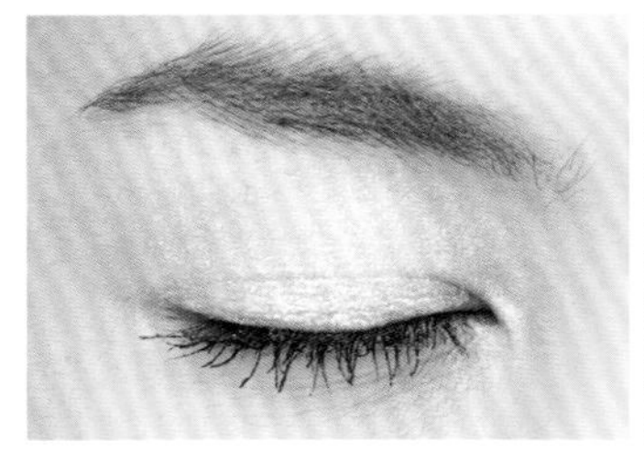

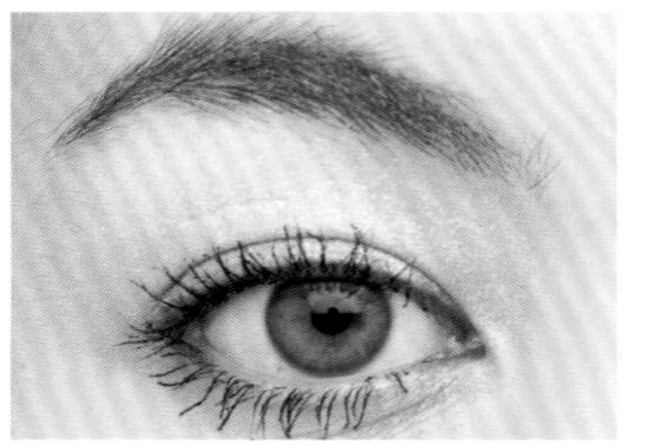

眉毛

淡化浓眉

❶选择颜色稍暗的遮瑕膏，用眉刷将遮瑕膏从眉头至眉尾均匀刷在眉毛上，刷眉时，按照从下往上的顺序刷。淡化眉毛本身的颜色，同时将眉毛梳理整齐。❷接着，再选择一款比眉毛本来的颜色明快一些的棕色系眉粉，用眉刷轻轻刷在眉毛上，使眉毛看上去自然清秀。

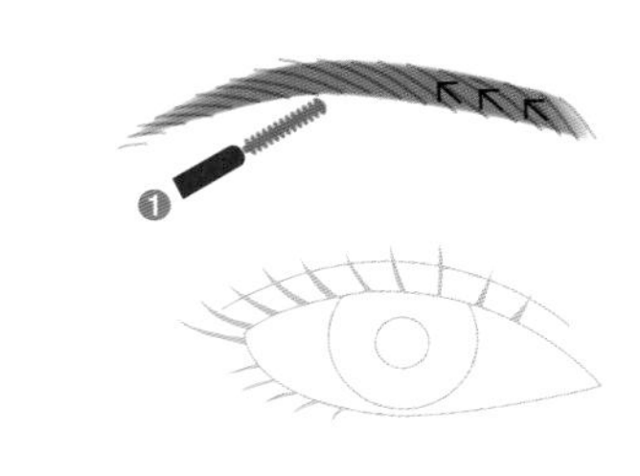

眼影

选用有透明感的眼影

❶选择含有亮粉的银色眼影，用无名指将眼影轻轻点在上眼睑的中央处，接着再用手指将之晕开至整个眼窝。❷下睫毛涂上充分的睫毛液，能够使整个脸颊看上去瞬间缩小。涂睫毛时，手腕左右移动，使睫毛涂得均匀彻底。

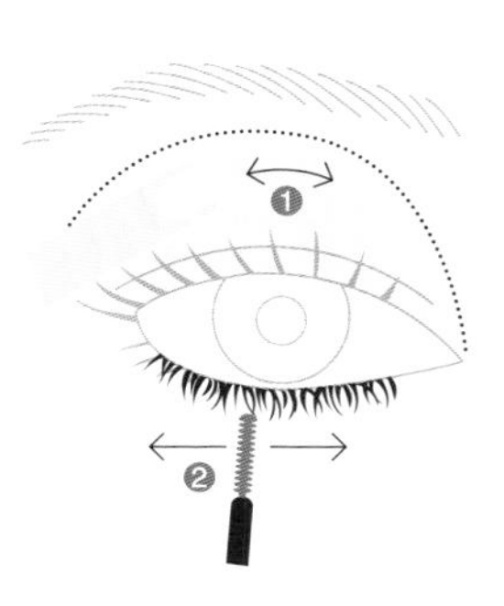

脸颊

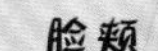

位置上移的腮红抵消脸部的膨胀感

将珊瑚橙色的腮红打在脸颊稍高的位置，腮红画成小小的圆形。略微上移的腮红不仅能够增加韵味，还能使脸部轮廓更加清晰。

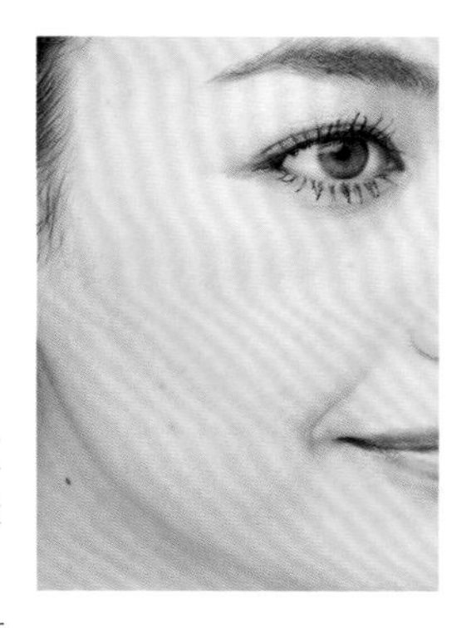

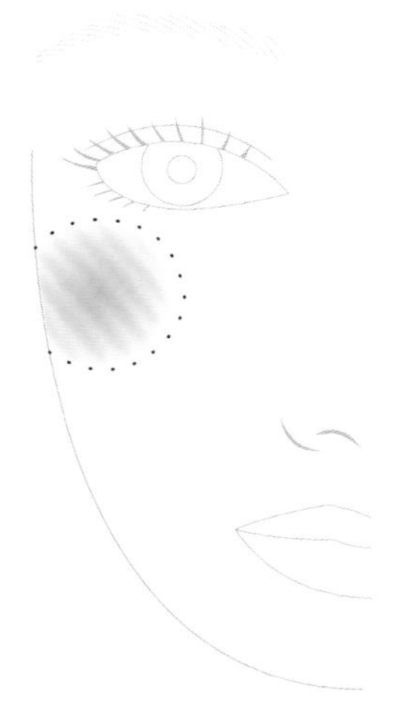

唇部

三层唇彩呼唤爱的感觉

涂上三层亮红色的唇彩。前两次直接涂上即可，最后一次要用唇刷涂抹。为了使唇部更加丰盈，用唇刷在图示A的区域仔细描画，使唇部更加红润诱人。

详细步骤参照 P95
化妆课程 C

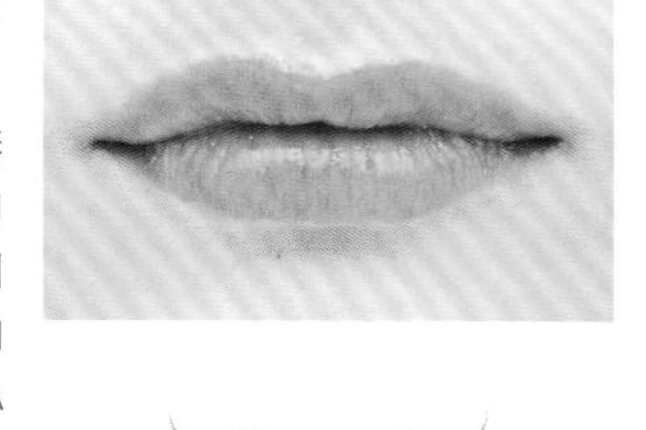

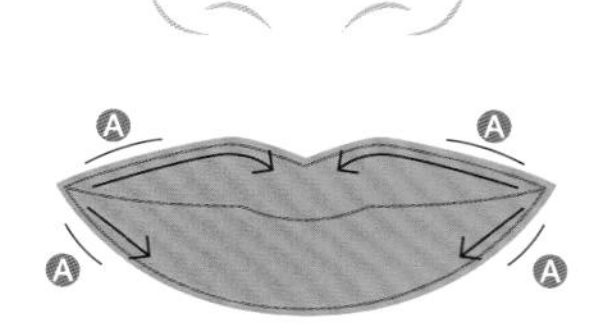

场景：

自从与前一个男友分手后，我便成了恋爱胆小鬼，不敢轻易尝试新的恋情。我是美容师助理，由于工作关系，也能接触到不少优秀的男性。但是，我总感觉恋爱就是劫数，所以迟迟没有行动。我的同事好友见我如此这般，就硬拉着我去相亲。于是，便遇到了他。他比我大五岁，在一家化妆品公司工作，很会聊天而且性格温和。也许是同行业中人，又比我年龄大让我感觉很踏实，所以，我不知不觉把过去的恋爱经历告诉了他。第二天，他给我打来电话，约我周末见面。我望着镜中的自己，这才发现自己真的是疏于保养和打扮了。长期郁郁不乐的生活让我的脸看上去有些水肿，这样如何去赴约呢？我要拿出我的“看家本领”，将自己打造得完美动人！

约会那天，我们在餐厅碰面，突然他向我告白：“能不能试着与我交往？”他的告白让我满心欢喜，我当即玩笑般地答道：“当然可以啦”。这一刻，我才突然明白不管是恋爱还是打扮，选择权都在自己的手中。

姐弟恋的制胜奇招——成熟大胆又不失娇美的眼部妆容

度假时的性感娇颜妆

大面积的眼影与粗粗的眼线让眼睛魅惑动人。
亮粉闪烁的效果演绎出时尚感，尽显熟女魅力。

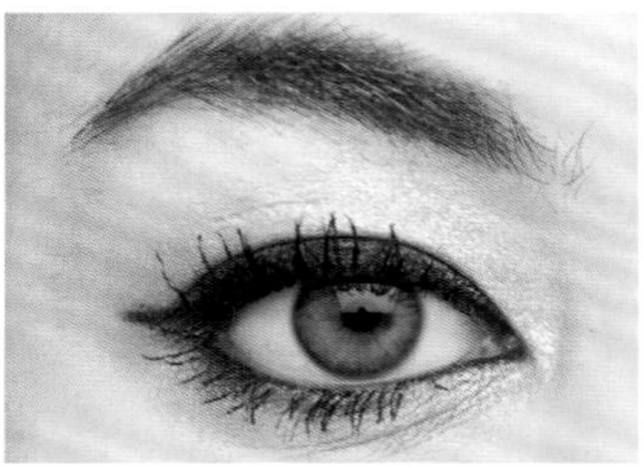

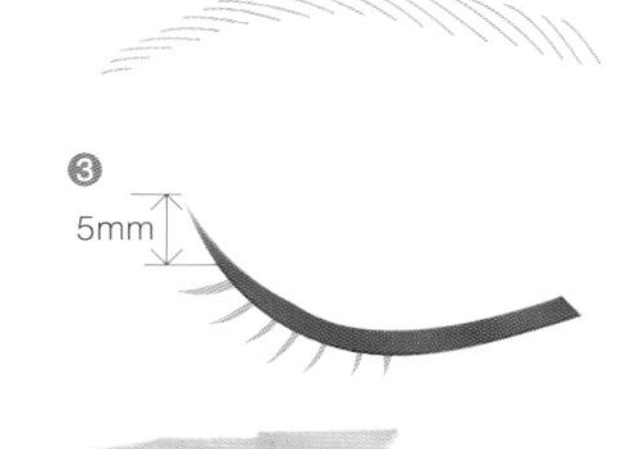

眼影

具有时尚感的明眸

❶在整个眼窝处画上含有亮粉的卡其色眼影。范围可稍稍扩大延伸至鼻侧，使眼睛看上去更加有神。❷在上眼睑的双眼皮处和下眼睑处画上深卡其色的眼影。首尾上下自然相连，将整个眼部轮廓勾勒出来。

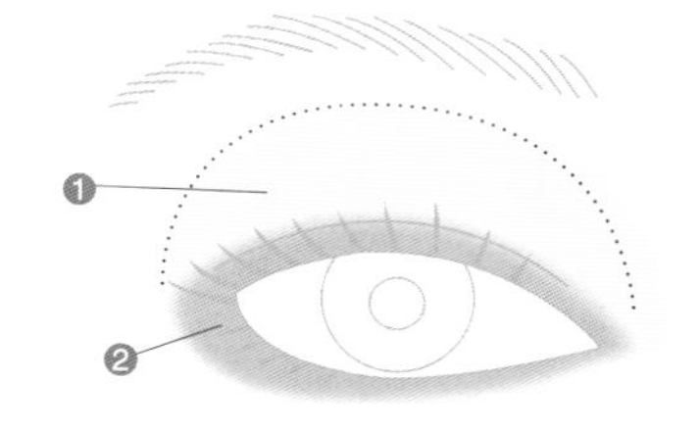

眼线

让眼睛放电

❶用眼线金色的笔打底，沿着上睫毛根部画上眼线。❷接着，用金色的眼线液再描一层略粗一些的眼线。❸最后，描上一层金色的眼线凝胶，眼尾处可稍稍上扬5mm左右。

详细步骤参照 P95 化妆课程 D

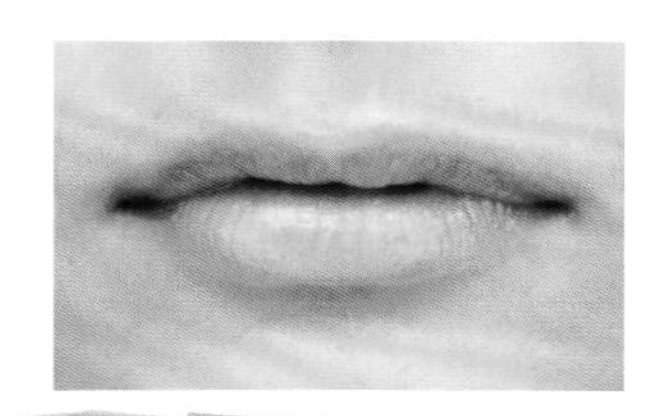

唇部

淡雅唇妆

❶选择与肌肤颜色相近的米色唇彩，用唇刷均匀涂在唇部。❷唇部中央涂上一层粉色的唇蜜，使唇部光泽有质感。

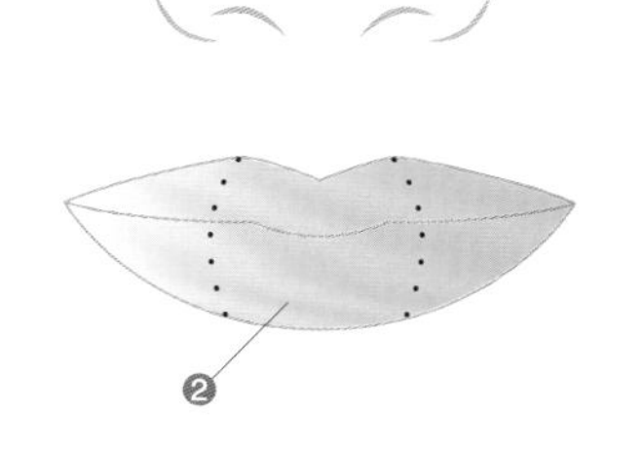

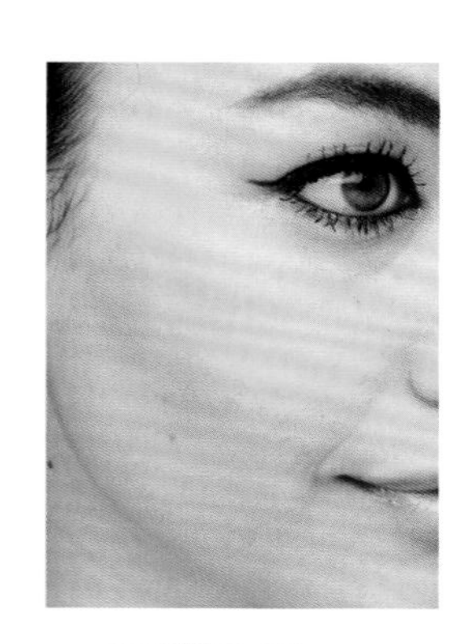

脸颊和阴影

运用阴影效果使脸部瞬间变小

用腮红刷将陶土色的腮红沿着额头发际、脸颊外侧，下巴边缘轻轻刷在脸部轮廓处。阴影的效果能让脸颊看上去瞬间缩小。

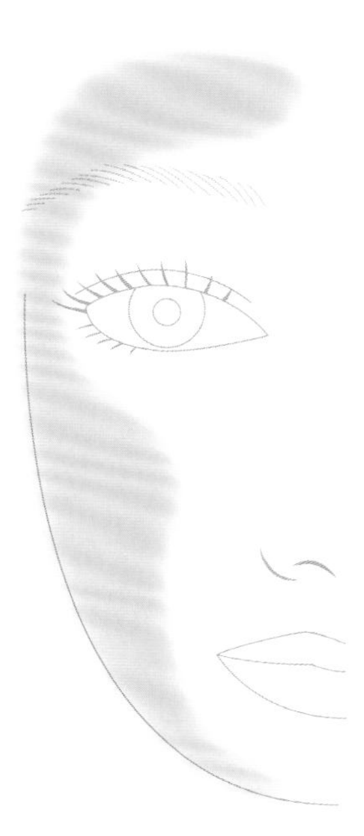

场景：

最近，我交了一位新男友，他是我们公司的新人。现在我们正处于热恋期，非常甜蜜。但是，我的年龄比他大，加上我作为主管工作繁忙，所以我们在一起的时间并不多，这让我有些不安。上周末去他家，他看到电视里的某位女演员时，对我说“她下巴尖尖脸小小的，真漂亮”，我不禁纳闷起来，他喜欢这样类型的女生？我是高个女生，跟娇小完全不搭边，简直与他喜欢的类型完全相反。从那之后，我常想：我是不是应该去美容院做做美容，或是买些美容器械和瘦脸产品呢？即使做了他的女朋友，也并不表示我们就能长久地幸福下去。想到这里，我开始冷静下来，我要找出真正适合自己的方法。从下周末开始，有一周左右的长假，我们约好一起去夏威夷旅行。这样的好机会我怎么会放过呢？在那里，我要尽情展露我性感的一面，让他充分意识到我的美！

Lesson A

圆圆的大腮红让脸部变小

1 用腮红刷将粉色的腮红轻轻打在颧骨最高处。

2 腮红刷由外向内画圈，使腮红向四周晕开。为了使妆容更加甜美，腮红的范围可扩大至瞳孔内侧。

3 粉色的腮红极具透明感，所以，即使腮红区域很大也不会影响美感。圆圆的大腮红还能让五官更加聚拢。

Lesson B

浓眉有让脸部变小的效果

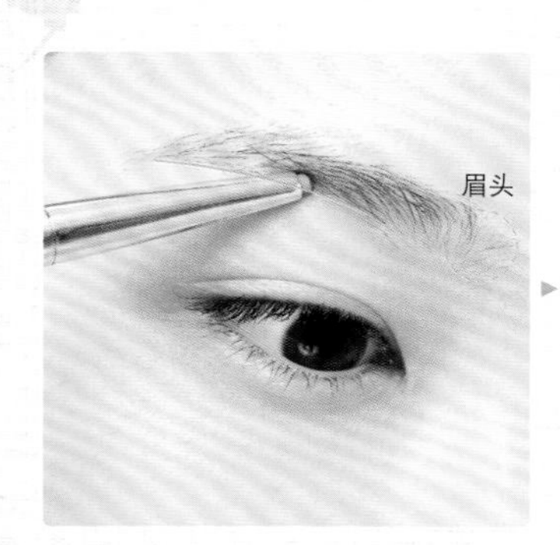

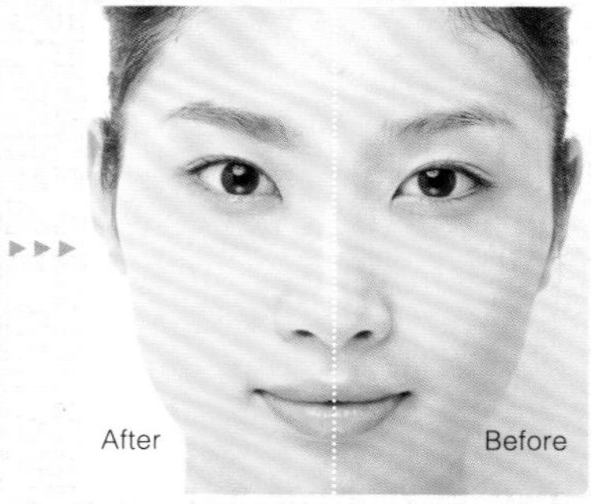

1 用棕色的眉笔从眉毛下方开始描眉。为了使眉毛显得自然，不要描画眉头部分。

2 用眉粉将眉毛描画均匀。再用眉刷从眉头至眉尾将眉毛梳顺，使眉形自然。

3 图为妆前与妆后的对比。明显可以看出浓眉能够起到聚拢五官的效果，使脸部看上去变小。

Lesson C

丰润红唇缩小脸部轮廓

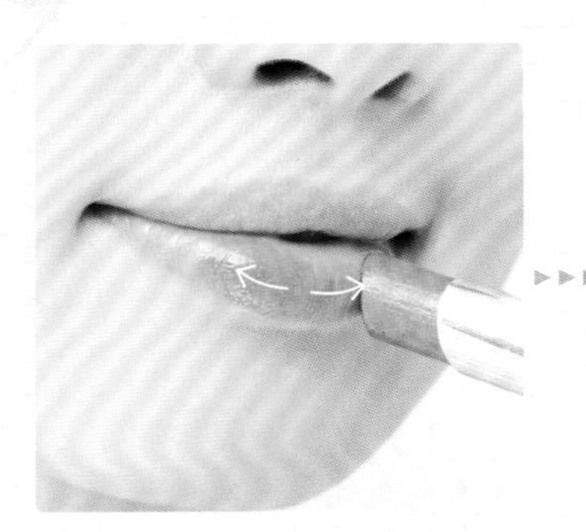

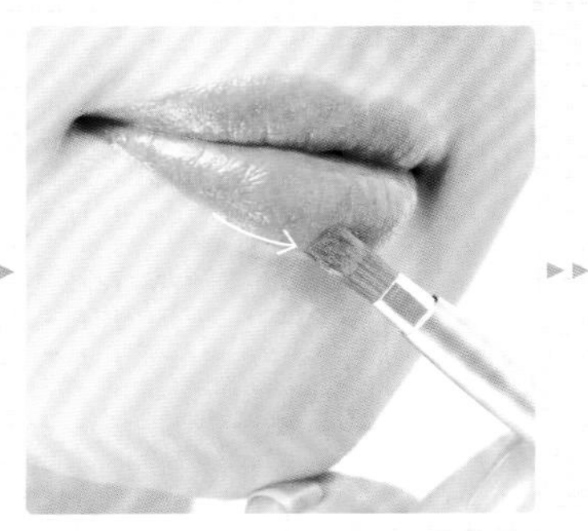

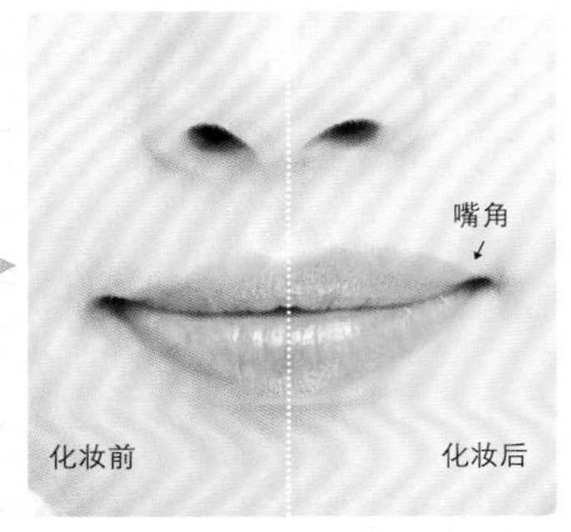

1 将口红涂在整个唇部，涂抹时按照从中间向外侧的方向涂抹。接着，用唇刷从嘴角至中央描画。

2 最重要的一步是描画下唇的线条，描画时稍稍溢出唇外，使唇部更加丰腴。

3 图为妆前与妆后的对比。明显可以看出丰盈的唇妆让性感度与女人味直线上升，同时还能使整个脸部轮廓聚拢。

Lesson D

眼睛放大，脸部缩小的秘诀

1 用棕色的眼线笔沿着睫毛根部画上眼线。

2 接着，用眼线凝胶从内眼角至中间位置再描上一层眼线。凝胶易与肌肤融合，同时不易脱落。

3 从中部至眼尾的部分描上一层眼线，眼尾部分微微上挑。

胁田惠子小姐

美瞳加上假睫毛让你完美大变身

简 历

1992年7月23日出生于日本东京都。曾任杂志《Hana*chu》的专属模特，经常出现在《sweet》、《米娜》等时尚杂志中。

大胆又可爱的混血妆扮

甜美小公主的魅惑电眼妆

做让他倍儿有面子的性感女神

具有微整形效果的时尚妆容

黑色美瞳与卷翘的下睫毛打造妮可里奇风

大胆又可爱的混血妆扮

在下眼尾处粘上假睫毛，使眼部凸显放大。妆容休闲随意又不失新鲜感。

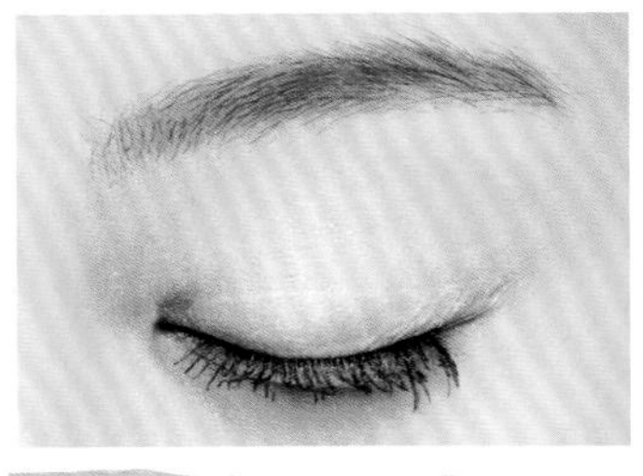

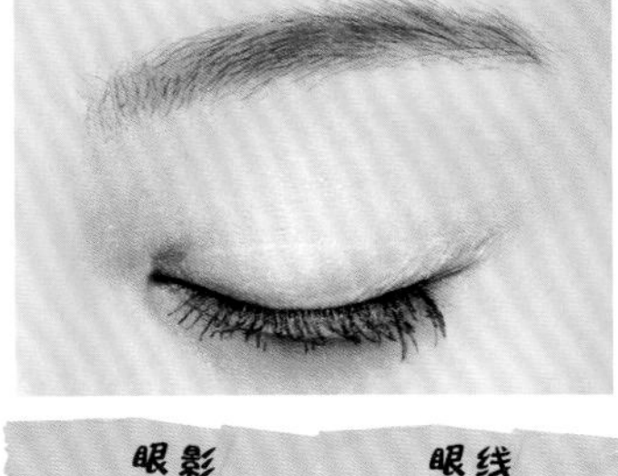

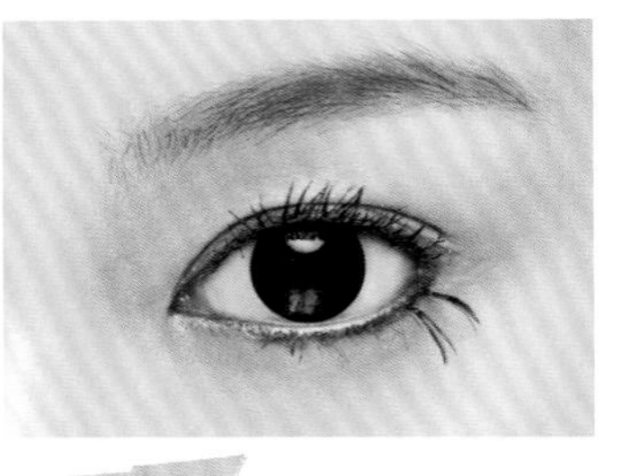

眼影　眼线

睫毛

卷翘的下睫毛彰显独特个性

❶在上眼睑处涂上一层淡蓝色的眼影。让眼睛闪亮自然。❷在眼窝中心瞳孔的上方涂上一层白色的眼影，使眼睛更具立体感。

❸在下眼睑处画上深蓝色的内眼线。蓝色系的眼线能够吸引周围的目光。❹在下眼睑的眼尾处粘上假睫毛，两三束即可。贴睫毛时要营造出一种悬浮于肌肤之上的感觉，呈现出一种娇羞之态。

详细步骤参照 P106 化妆课程 A

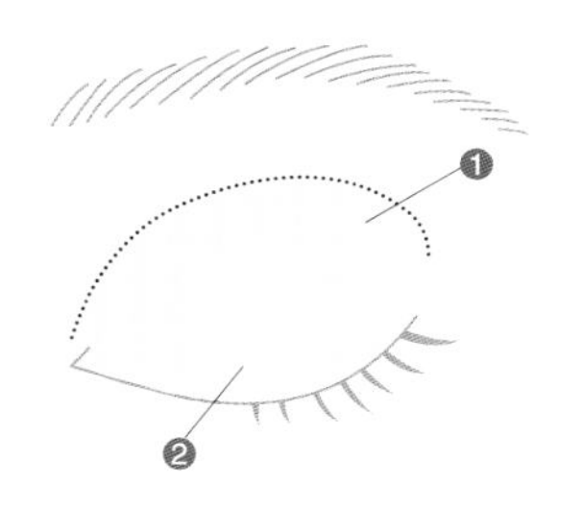

眉毛

自然刷上眉粉

选择与眉毛颜色相同的眉粉，将眉粉均匀刷在眉毛上。眉尾位置稍稍越过嘴角与眼尾的延长线。

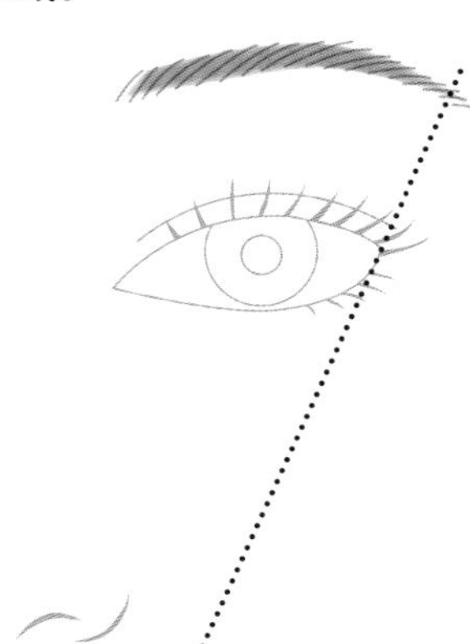

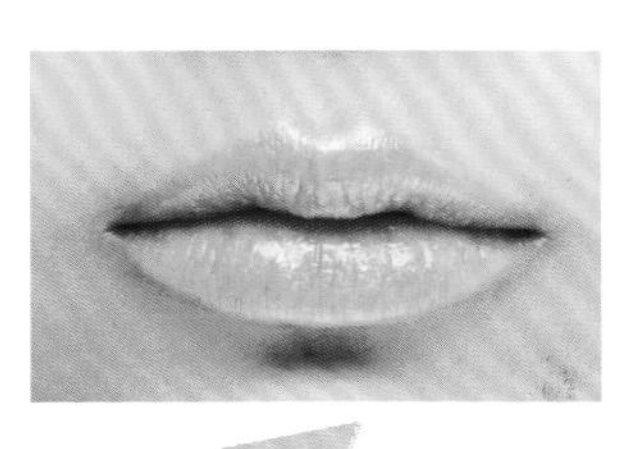

唇部

丰满光泽的唇部

将粉色的唇彩均匀涂在唇部。接着，在上下唇中央的轮廓处打上高光，使唇部看上去更加丰盈。

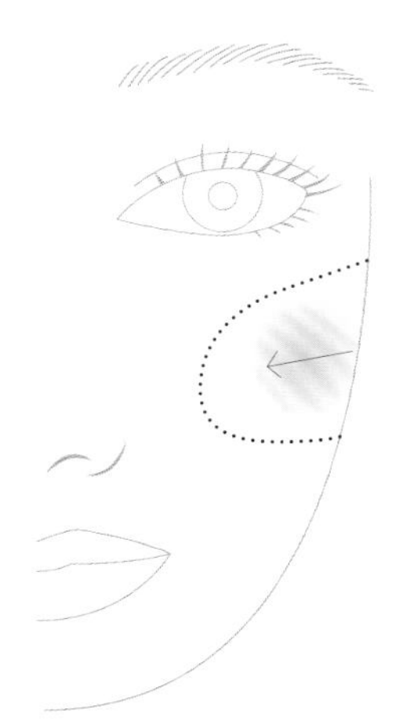

脸颊

橙色腮红展现健康肤色

将珊瑚橙色系的腮红横向打在脸部，衬托出自然健康的小麦色肌肤。

场景:

我与现任男友已经交往三年了。我是体育系毕业生，现在在一家健身俱乐部做教练，而他从事的是IT行业，最初与他交往时感觉很新鲜。但是，现在我们的恋爱如同一潭死水波澜不惊，基本把对方当做空气一样。当然，他对于我来说是非常重要的，但是如果我们继续这样相处下去，我会闷死的。我要主动出击，做出一些改变。我决定用不一样的妆容来改善我们之间的关系，“酷似混血儿的妆容”能不能吸引他，重燃我们之间的爱苗呢？我心目中的完美女人是妮可里奇那样的个性女人。乌黑的眼眸加上放电的眼睛，让他不再忽视我的存在！如果这样依然无法挽回他，那么我是不是该考虑以完美蜕变的姿态去迎接我的下一段恋情。

黑色美瞳加上假睫毛打造希拉里达芙风

甜美小公主的魅惑电眼妆

为了使眼睛看上去又圆又黑，在上睫毛的中部粘上假睫毛即可。粉色系的眼妆让整个妆容看上去甜美可人，充满爱意。

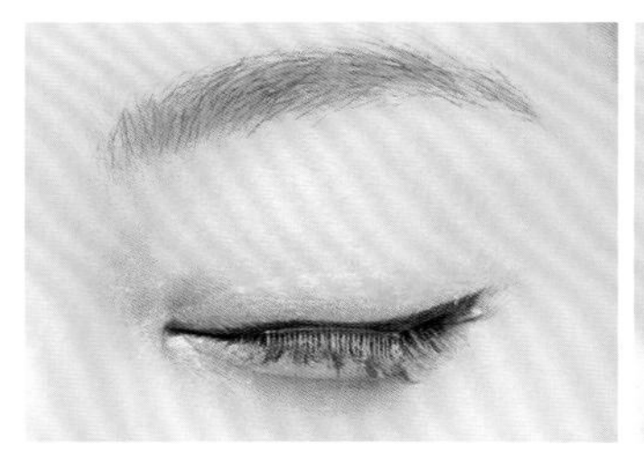

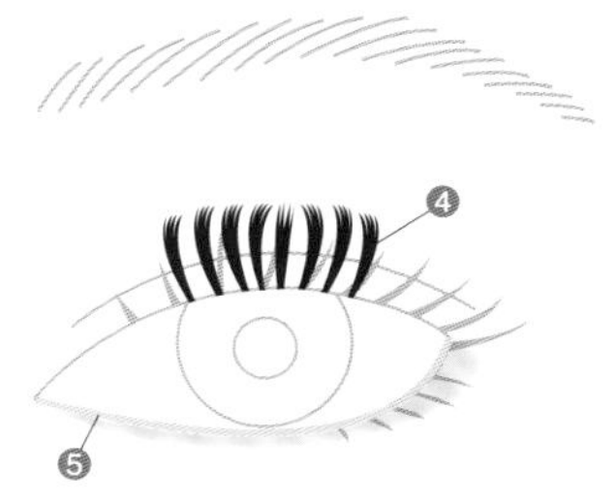

让眼睛看上去“又黑又圆”的眼线和假睫毛

❶在眼窝处画上淡淡的粉色眼影。画眼影时，尽量使妆容自然。❷在上眼睑的双眼皮部分再画上一层眼影。内眼角至眼部中央为紫色，眼部中央至眼尾处则用粉色眼影。两种颜色在中间部分自然融合。❸沿上睫毛根部画上黑色的眼线。为了使眼睛看上去更加有神，瞳孔上方的眼线可画得略粗一些。❹在上睫毛的中部粘上假睫毛，为了使假睫毛服帖自然，再画一层眼线。❺在下睫毛处画上浅灰色的内眼线，使眼睛看上去更大更有神。最后，在下眼睑处画上粉色的眼影。

详细步骤参照 P106 化妆课程 B

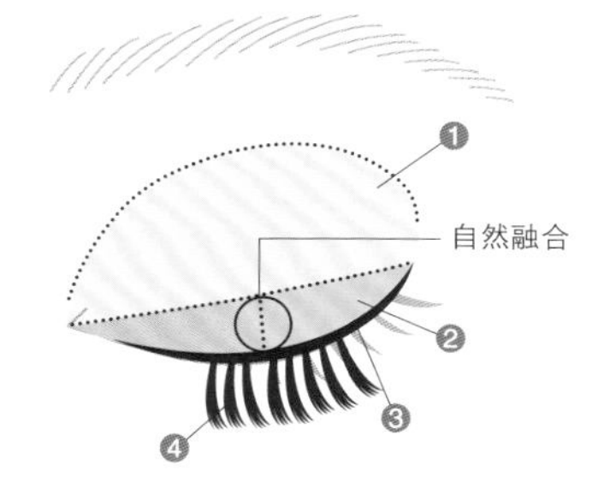

层次分明的粉色腮红

❶将淡淡的粉色腮红轻轻打在笑起来最突出的颧骨位置。❷以之为中心，在外围画上稍浓一些的粉色腮红。让两种颜色自然融合，不要表现出过于明显的色差。

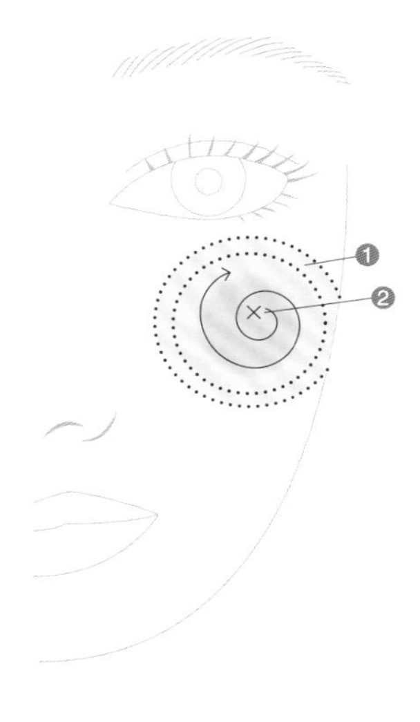

粉嫩唇妆

将粉色唇彩均匀涂在上下唇并将唇部线条勾勒出来。中间部分多涂一层，使唇部更加光泽自然。

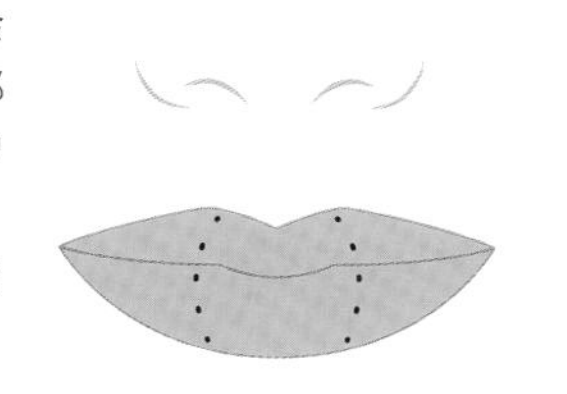

场景：

去年春天，我终于如愿以偿进入了广告部的杂志编辑处，开始了每天繁忙的编辑生活，日子过得平淡。有时候，我不禁想“难道我太过朴素了”，哪里出问题了呢？突然有一天，我意识到眼睛的电力是非常重要的。于是，我开始模仿模特A小姐，通过黑色美瞳让自己变得漂亮起来。如果风格大变我自己会接受不了，所以在妆容上，我并没有做太多的改变，只是将前额的头发剪成了齐刘海，突出眼部。这样的改变所带来的效果非常明显，从那之后，我的生活发生了很大的变化，回首往事，我不禁感慨万千。现在我每天过着受人瞩目的日子，比起服装和妆容的变化，我觉得起到最大作用的还是黑色美瞳。女友们因为找不出我变漂亮的原因而烦恼不已。现在，我正和一位帅气的设计师交往。眼睛会放电还真是有用！

灰色美瞳加上眼尾假睫毛打造安吉丽娜朱莉风

做让他倍儿有面子的性感女神

眼尾的假睫毛让你拥有性感撩人的眼神。
比起睫毛的颜色，卷翘度更加重要。

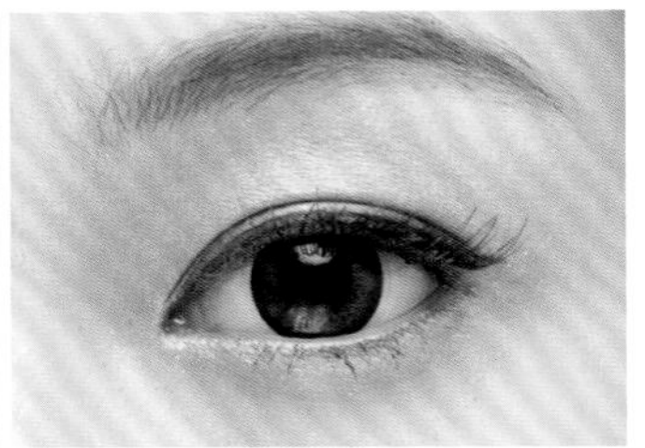

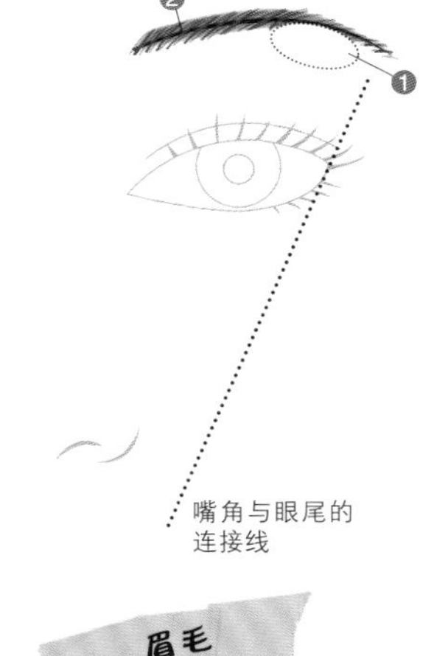

眼影　眼线　睫毛

360度性感美女

❶在整个眼窝处涂上古铜色的眼影，呈现奢华的感觉。❷在鼻翼打上阴影。选择棕色的眼影，从眉头下方至鼻梁处横向打上阴影，使五官更加立体。❸在上眼睑处，从内眼角至眼尾画上棕色的眼线。眼尾稍粗一些。❹在上眼睑的眼尾至瞳孔外侧的部分粘上假睫毛。❺为了使假睫毛服帖自然，再画上一层棕色的眼线。最后，涂上睫毛膏，使之与本身的睫毛融为一体。❻用金色的眼线笔在下睫毛的外侧画上眼线，使整个眼睛明亮起来。接着，在下睫毛涂上棕色系的睫毛膏。下睫毛的突出会让金色眼影的效果更加明显。

详细步骤参照 P107 化妆课程 C

性感眉形

❶将遮瑕膏涂在眉峰至眉尾的下端，隐藏眉毛的锋芒。❷用深棕色的眉笔描画眉峰，使眉形自然性感。

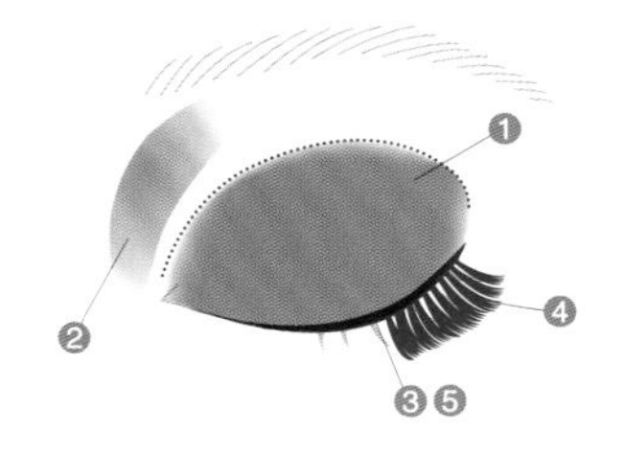

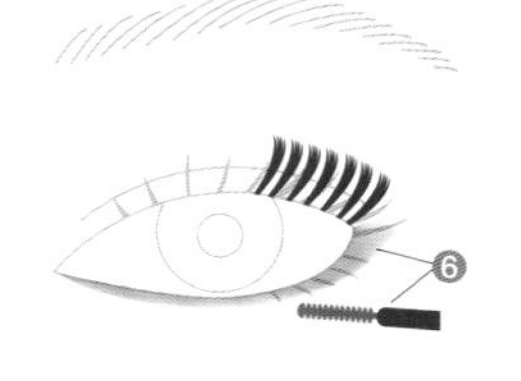

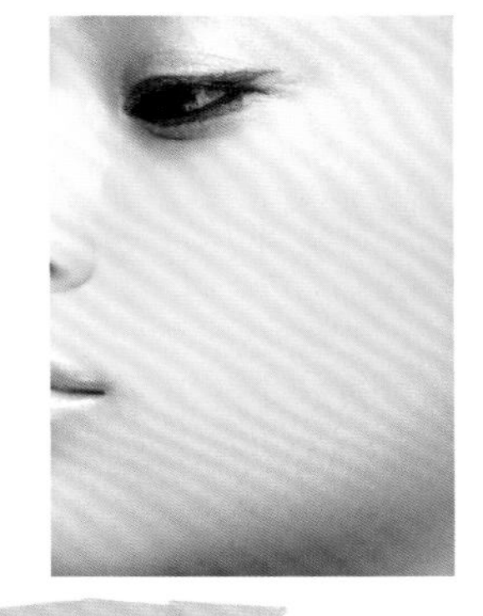

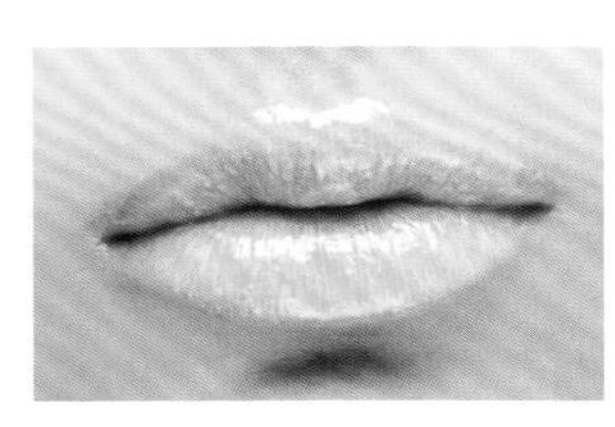

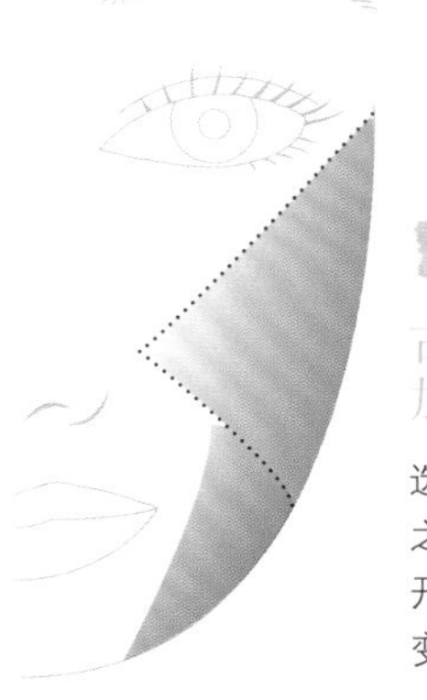

唇部

魅力丰唇

❶用遮瑕膏遮盖唇部本来的颜色，用棕色系的唇彩勾勒出唇部线条。线条略粗，可稍稍溢出唇外。❷先涂上闪亮的唇油，再将同色系的唇彩均匀涂在唇部上。

脸颊

古铜色的阴影让五官更加立体

选择暗色调的古铜色腮红，将之轻轻扑在脸部轮廓线处并晕开。阴影及金色的质感使脸部变得更加立体。

场景：

三年前我非常幸运地进入这家唱片公司。我的男友是这家公司的高层管理人员，在海外事业部任职，比我大8岁。作为他的女友，我总是精心打扮，甚至开始学习做一些料理，但是，他好像完全没有想要更进一步的意思。最近我才慢慢发觉，他理想的结婚对象应当是上得厅堂入得厨房，拥有一定的美貌，能够让他带出去炫耀一番的。我自然地联想到了安吉丽娜朱莉。我要向她一样做个完美女人。于是，我开始改变风格，不再重复之前的早已过时的妆容。我选择了大胆的灰色美瞳和古铜色系的彩妆。这样的改变非常成功。从普通的白领变身魅惑的性感女神，他对我的态度大大改变。不仅带我去高级的餐厅，还将我介绍给了他的上司和父母，这简直就是未婚妻的待遇。这样看来，难道他想在下个月我生日的时候向我求婚吗？

棕色美瞳加上假睫毛打造凯特摩斯风

具有微整形效果的时尚妆容

卷翘的长睫毛让你瞬间散发女人味。魅惑眼眸加上无暇的双唇，启动恋爱模式。

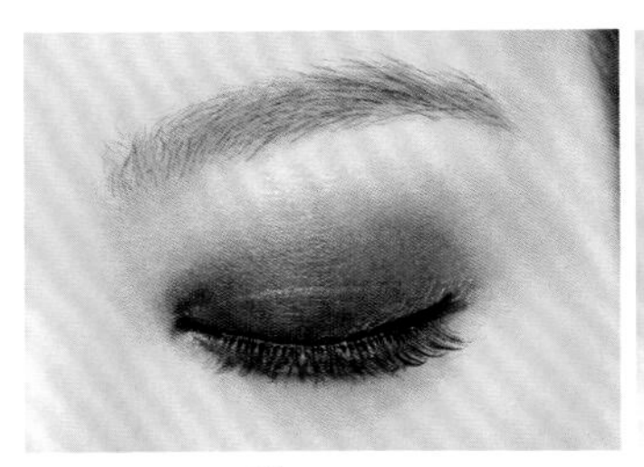

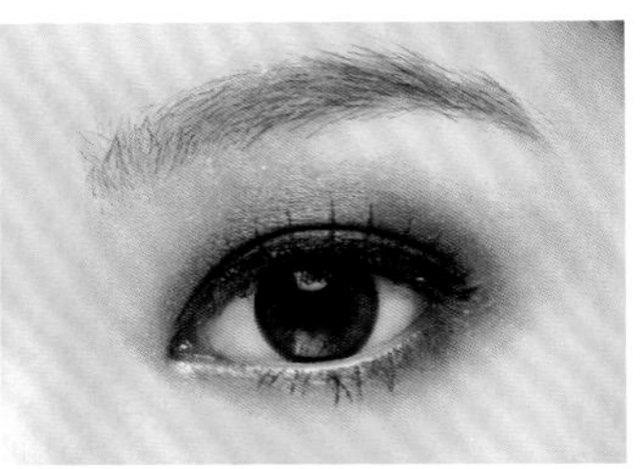

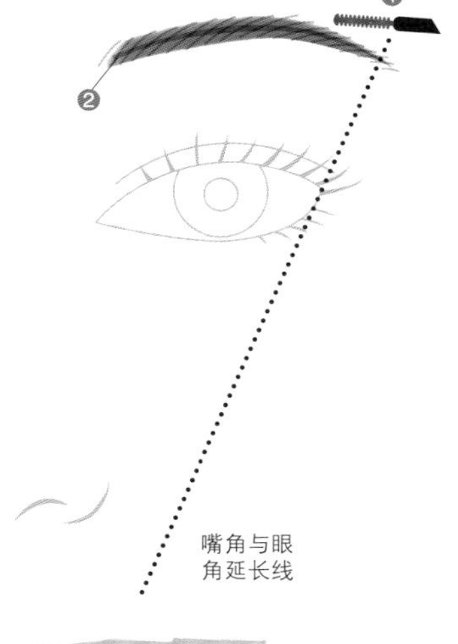

多彩动人的眼妆

❶在上眼睑的双眼皮处画上黑色眼影。黑色的眼妆能够使眼睛更加有神。❷在整个眼窝处画上灰色眼影。再画一层亮灰色眼影，使各种颜色充分融合。❸在整个上眼睑处画上银色眼影，提亮整个眼妆。❹在上眼睑处贴上假睫毛，先贴眼部中央，再贴眼尾与内眼角处。❺为了使假睫毛服帖自然，沿睫毛根部画上眼线。眼尾部分稍稍粗一些。❻在下眼睑处涂上灰色眼影。眼尾处稍粗，与上眼线自然勾连。

详细步骤参照 P107 化妆课程 D

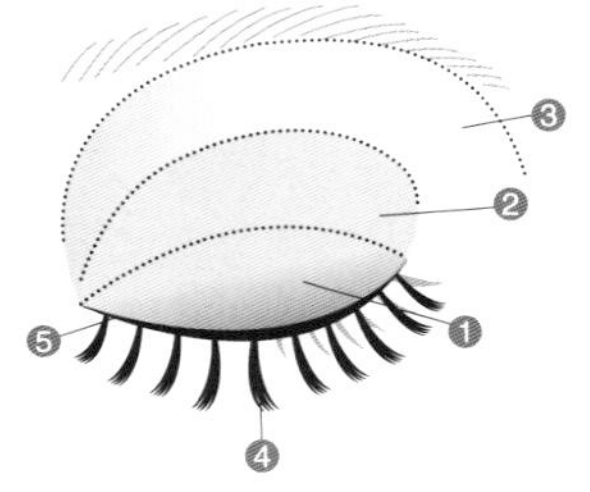

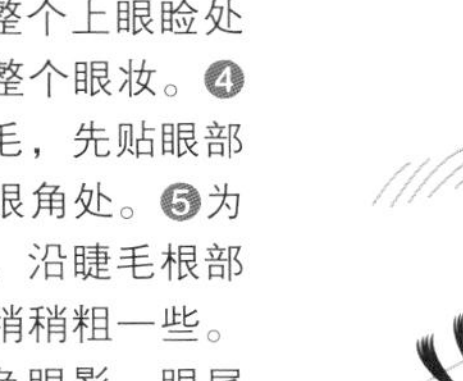

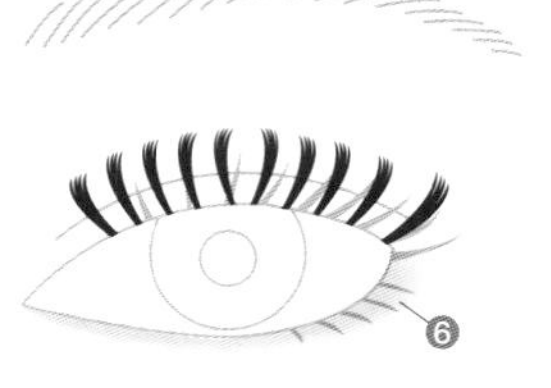

眉毛

弯弯的细眉是最理想的眉形

❶用颜色稍亮一些的染眉膏将眉毛染色。❷用黄棕色的眉笔描画眉毛的中心，这样能使眉毛看上去变细。将眉尾设定在嘴角与眼尾的延长线上。

青春少女唇妆

用粉底遮盖住唇部原本的颜色，涂上透明的唇油，使唇部光泽诱人。

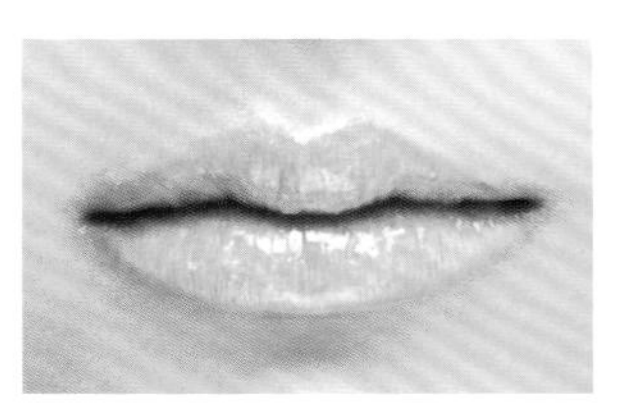

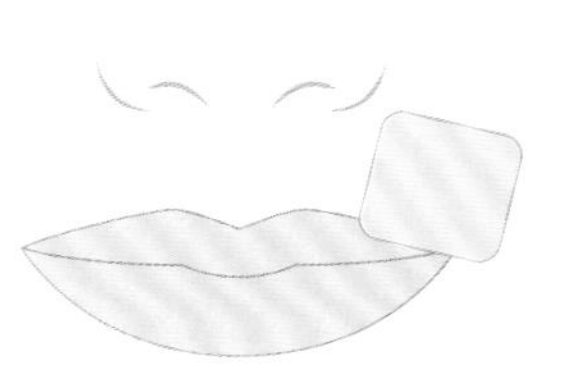

脸颊

流露出酷酷的神情

选择棕色的腮红，从颧骨最高的位置分别向下和向鼻翼两个方向打上腮红。

场景：

我和他从高中同班同学，从那时开始便是很好的朋友，一起度过了许多美好时光，但我们的关系仅限于好朋友而已。从上个月开始，我们之间的关系发生了微妙的转变。有一次，我和朋友逛街时买了棕色的美瞳，心想尝试一下未尝不可。便抱着好玩的心态带上棕色美瞳去见他。谁知他的反应惊人“完全看不出来呢，像变了个人似的，女人真是百变呀”。原来小小的美瞳就能让他对我的印象发生变化，真是意想不到。那天以后，我们的关系好像凌驾于朋友之上，马上就要进入恋爱模式一般。与蓝颜知已成为恋人，这样的改变恐怕应该归功于美瞳的魅力吧。

Lesson A

纤长卷翘的下睫毛

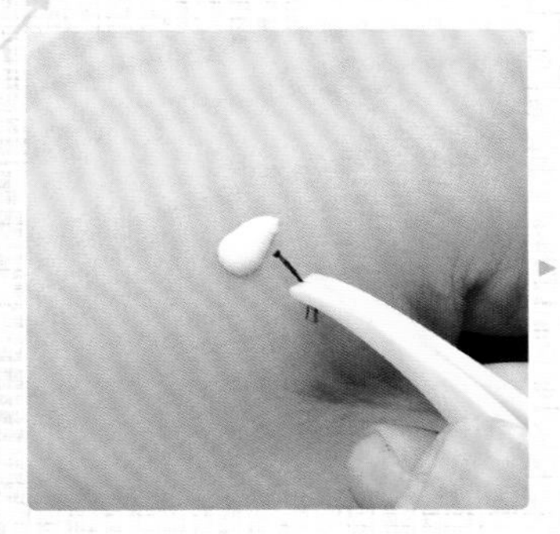

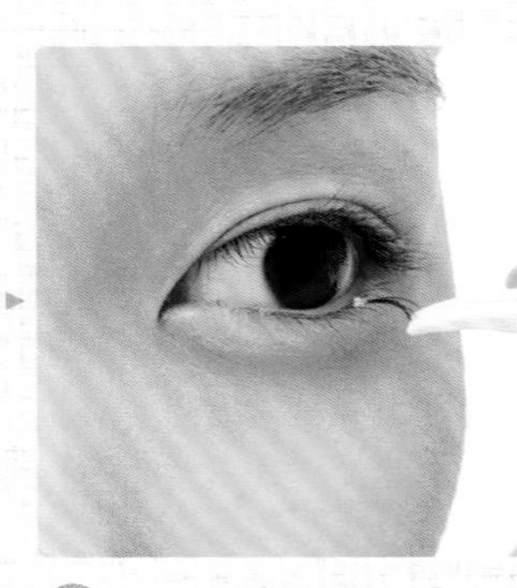

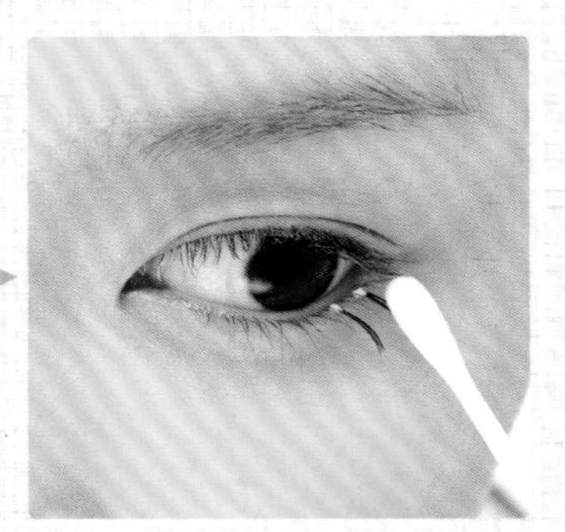

1 将胶水挤在手背上，轻轻夹住一束睫毛，蘸上些许胶水。夹睫毛时注意不要用力过度。

2 粘睫毛时不要过于贴近根部，根据下睫毛的弧度找到合适的位置，使睫毛呈现出上浮的感觉。

3 将两束睫毛粘好之后，趁胶水未干之前，用棉棒微调使睫毛粘牢。

Lesson B

让眼睛炯炯有神的假睫毛

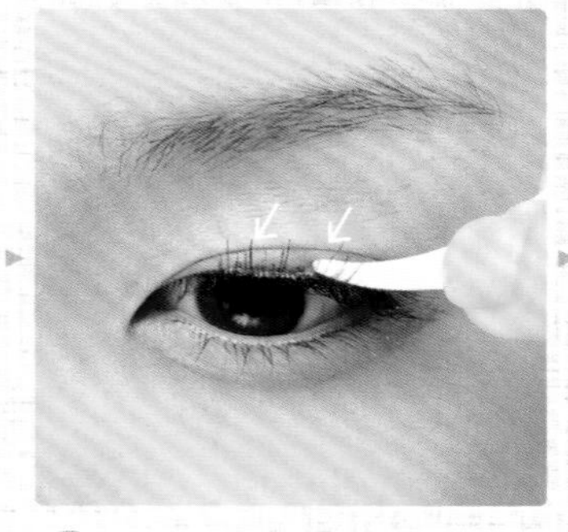

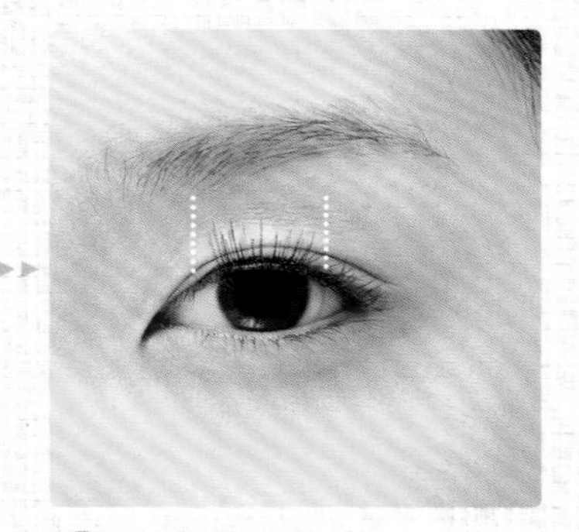

1 用睫毛夹夹睫毛，使其卷翘，接着确认好假睫毛粘贴的位置。以瞳孔为中心决定左右的长度，如果睫毛过宽可减去少许。

2 在假睫毛上涂上胶水，看着镜中的自己微微收缩下颌，将假睫毛粘贴好。

3 胶水吹干后，画一层眼线遮盖住白色的胶水。最后，涂上睫毛膏。

眼尾假睫毛展现性感一面

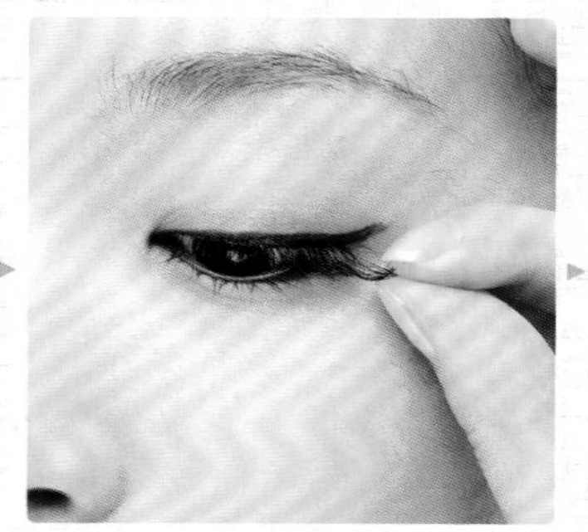

1 沿着睫毛根部画上细长的眼线。眼尾微微上扬。

2 在眼尾的位置粘上假睫毛。粘贴前，将假睫毛夹至一定的弧度，粘贴的时候会容易一些。

3 胶水吹干后，用眼线笔将白色的胶水部分遮盖住。最后，涂上睫毛膏。

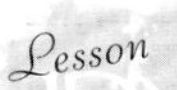

微整形效果的假睫毛

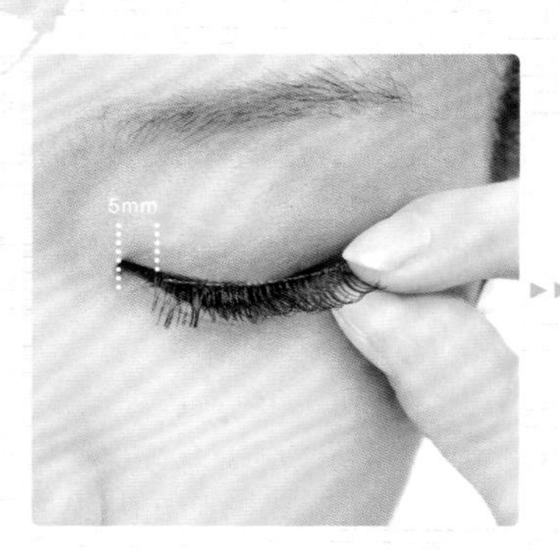

1 内眼角处空出5mm左右的距离，粘上假睫毛，粘贴之前先确认好睫毛的长度。需要修剪的情况下，不能只修剪一侧，两侧要同时修剪。

2 在假睫毛的根部涂上胶水，从中间部分开始将假睫毛粘上。注意内眼角及眼尾部分的睫毛弧度与原本的睫毛一致。

3 最后，涂上睫毛膏。涂睫毛膏时，从睫毛根部自下向上涂。

Rin Takanashi

高梨临小姐

最强美妆术——打造让人忍不住想要触碰的肌肤

♥简 历♥

1988年12月17日出生于日本千叶县。因参演电影《goth断掌事件》和《待战队真剑者》知名度大增。2009年同时推出了写真集《Rin》和DVD专辑《Rin~tobira~》。

从同事晋升为情侣的制胜妆容

成熟男人喜欢的清新裸妆

告别劈腿噩梦的清纯少女妆

坚强独立的熟女妆

精华粉底打造高贵典雅的闪亮肌肤

从同事晋升为情侣的制胜妆容

想要一整天都保持着光泽细腻的肌肤，让他的视线定格在你身上是需要掌握一些小技巧的。做好底妆的同时配合一些小技巧，让你的肌肤时刻光彩照人。

粉底　脸颊

打造透明光泽的肌肤

❶先用打粉底，然后用眼部遮瑕膏给眼部遮瑕，将些许遮瑕膏挤在无名指上，轻点下眼睑处使之晕开，将眼袋与黑眼圈遮盖住。❷在额头、双颊和下颌等四个部位涂上精华粉底液。❸在眼周和鼻翼部分扫上些许遮瑕粉。❹将陶土色的腮红打在脸部轮廓线处。

详细步骤参照 P118 化妆课程 A

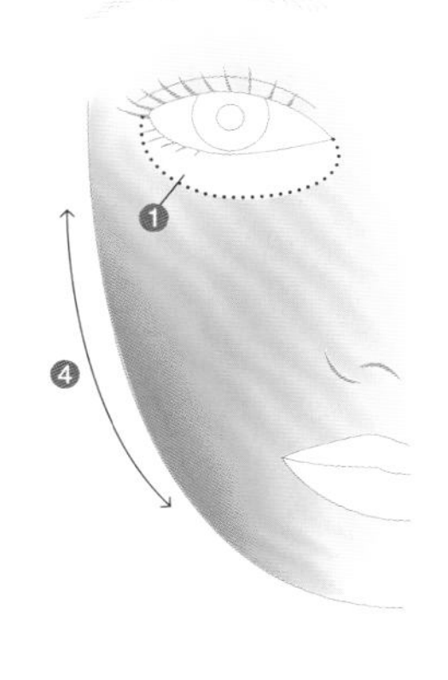

眉毛

眉峰隐现

选择比眉毛本身颜色稍暗的棕色眉笔，仔细描画眉毛。先从眉头到眉峰，然后再将眉峰与眉尾自然勾连起来。眉峰若隐若现展现出强势的一面。

眉峰

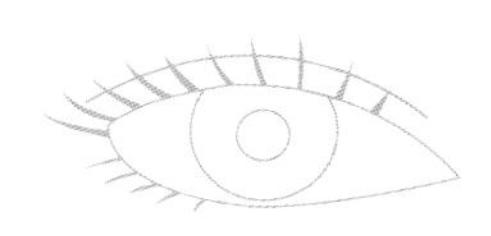

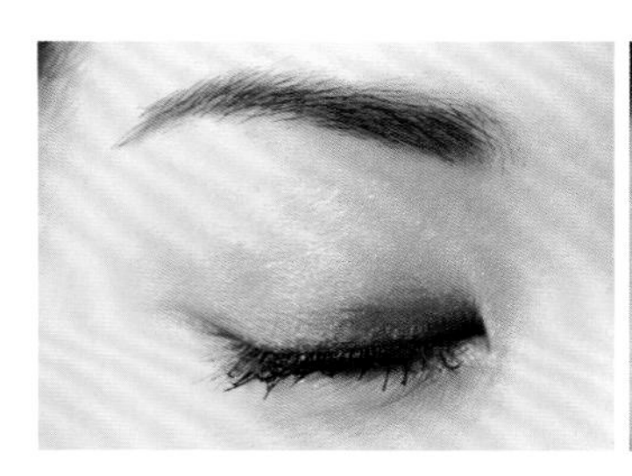

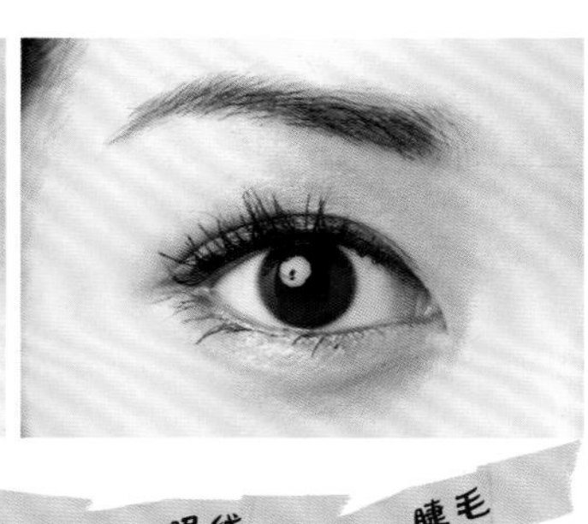

眼影　眼线　睫毛

深邃闪烁的魅惑眼神

❶用两种颜色的眼影体现出层次感。先将古铜色的眼影涂在双眼皮处，可略微向外延展。接着，在整个眼窝处涂上一层亮棕色的眼影。❷用深棕色的眼影将眼部轮廓勾勒出来，在下眼睑处画上内眼线。❸在上眼睑处从眉头下方至眼尾处扫上一层淡淡的金色眼影，棕色眼影与金色眼影交相呼应，体现出层次感。❹选择卷翘的长睫毛，涂上睫毛膏。

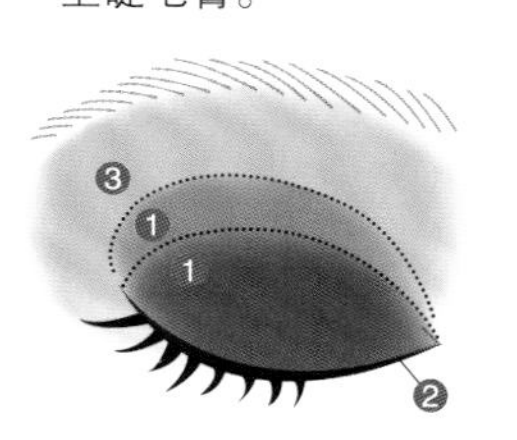

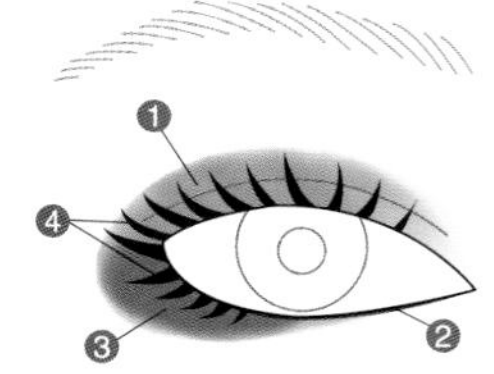

唇部

光泽丰盈的唇妆

选择桃红色的唇彩，先用唇刷勾勒出唇部线条，再将之均匀涂在上下唇部。唇中央涂得浓一些。

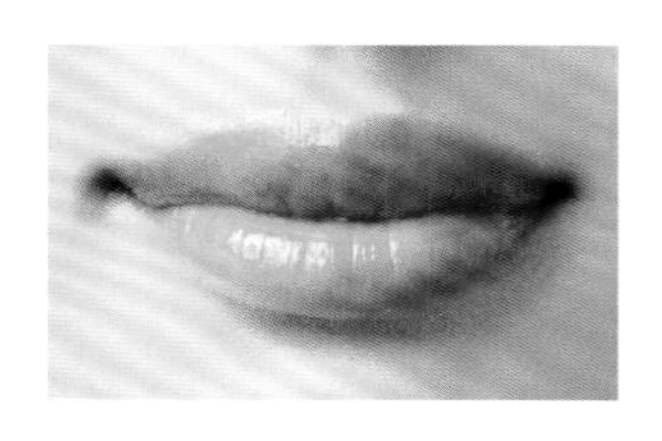

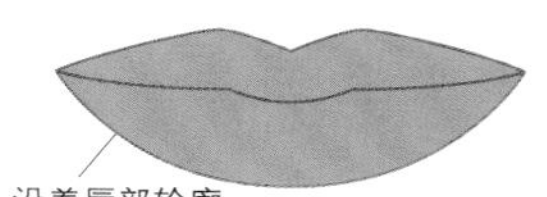

场景：

我们认识是在一个月前，他作为特聘设计师与我进入同一家服装公司。一天，加完班后，我的朋友叫上了他，三个人一起去吃饭。他原本并不是我喜欢的类型，但是那天之后我对他的印象大大改变。接触之后，我发现他其实是个很有魅力的男人。他的一个表情一个动作都让我痴迷不已，是的，从那一刻起我便爱上了他。

那天之后，他时常出现在我的脑海里，即使是工作的时候，脑子里也满满的都是他。但是，我们两个单独在一起的时候，我却变得笨拙起来，不知道该说什么好……这样下去可不行，为了我们之间能够进一步发展，我决心改变自己！让他为我着迷，“原来她是这么有味道的女人”，不知不觉中爱上我，然后向我告白！

打造婴儿般的柔嫩肌肤

告别劈腿噩梦的清纯少女妆

逆光下的脸部轮廓处呈现光泽感……这是最理想的状态。
可爱的粉嫩腮红也是少女妆不可或缺的一部分。

粉底 **脸颊**

选择一款含有珍珠亮粉的粉底液

❶用指腹将粉底液轻点在额头、两颊、鼻翼、下颌等五个部位，接着用手心按摩脸部，使粉底液均匀晕开。注意不要忽略颈部。❷用腮红刷在脸部轮廓处打上阴影。❸将粉色的腮红画在笑起来最突出的颧骨部位，并以之为中心画圈。范围可延伸至鼻侧，使表情更加甜美。

详细步骤参照 P118 化妆课程 B

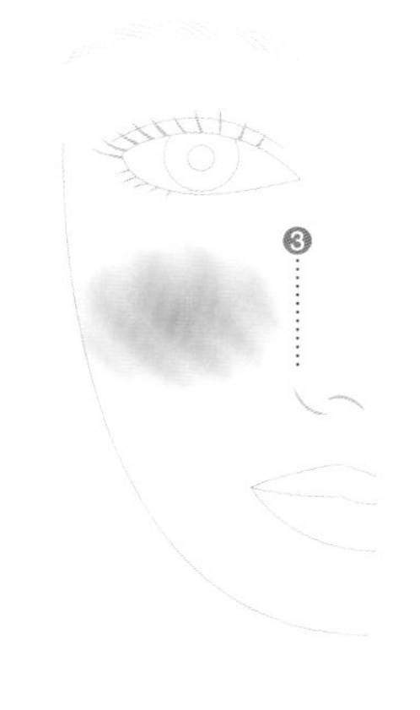

眉毛

清新自然的眉形

选择黄棕色的眉粉，从眉毛下方的中间部分开始描画，使眉形清新自然。

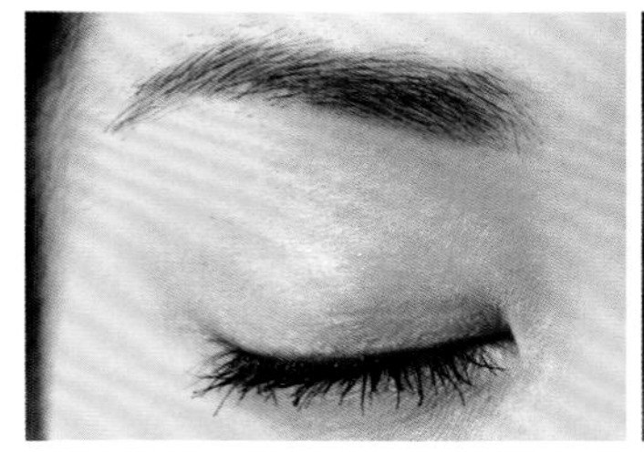

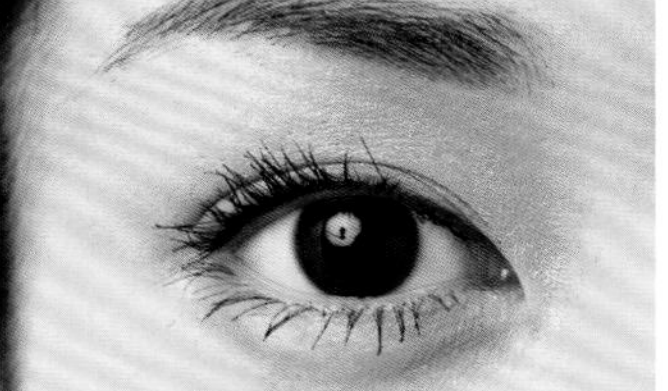

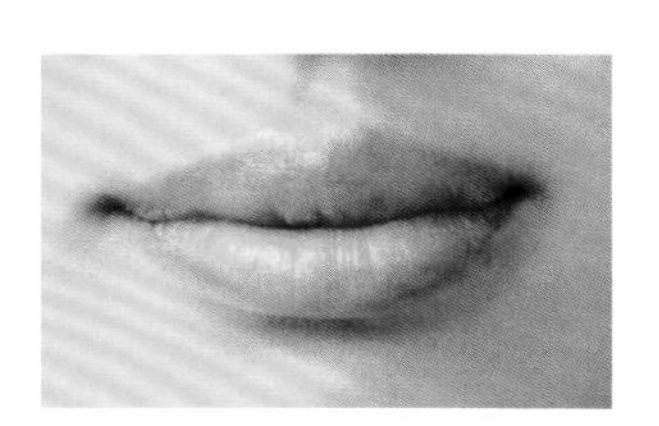

①
②
③

眼影 **眼线**

清纯的眼妆勾起他的保护欲

❶在整个上眼睑处画上白色眼影。用眼影刷均匀晕开，让眼部象积雪般炫目。❷在双眼皮处涂上银色眼影，金属感的色彩能让眼睛更加有神，展现出甜美又不失野性的一面。❸沿着上睫毛的根部画上略粗的灰色眼影。❹选择具有纤长效果的睫毛液，将之均匀涂在上下睫毛上。

唇部

淡雅的唇部妆容

用粉底将唇部原本的颜色遮盖住，然后涂上一层粉色的唇彩，展现出少女的迷人之处。

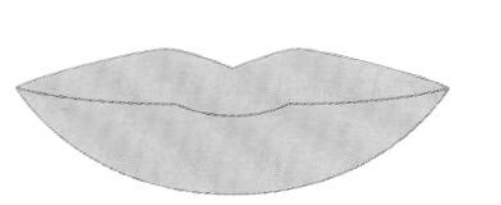

场景：

我曾经有过四次被劈腿的经历，想到这里我不禁觉得又气愤又好笑。由于一直桃花运不佳，所以与男友交往都是以结婚为前提的，但是尽管如此，之前的每一段恋情都是以凄惨收场（笑）。我的职业是模特，所以那些喜欢我外表的男生们恐怕是靠不住的，选他们做男朋友也许本来就是个错误。

那天，在朋友邀约的一个家庭聚会上，我遇见了生命中的那个他。他是一家餐厅的厨师兼店长。身为料理能手的他比我大11岁，随着我们聊天的深入，我觉得自己心中开出了一朵花。虽然是初次见面，但是我们聊得非常投机，他与我之前接触到的男性是完全不同的类型。我认定“他就是那个能给我一辈子幸福的人”！

于是，我便开始观察他身边接触的人和事，我发现比起成熟的女性，他更喜欢单纯的女孩子。所以，为了抓住他的心，不让幸福从我的指尖溜走，我要先为自己打造一个清纯的美女妆扮。

粉底液打造出通透细腻肌肤的裸妆

成熟男人喜欢的清新裸妆

向整日忙于工作的他展现出自然甜美的一面，呈现似乎未化妆的裸妆感！

粉底

脸颊

自然不造作的粉嫩脸颊

❶用透明的粉底液打底，呈现出裸妆的自然之感。为了保持肌肤的水润同时将脸部瑕疵遮盖住，选择粉底颜色时一定要慎重。❷遵循少量多次的原则，将粉底液均匀涂抹在整个脸部，为了节省时间，可借助于化妆绵。最后，在脸部轮廓处打上阴影粉。❸在笑起来最突出的颧骨部分画上橙色的腮红，使之自然晕开。

详细步骤参照P119化妆课程C

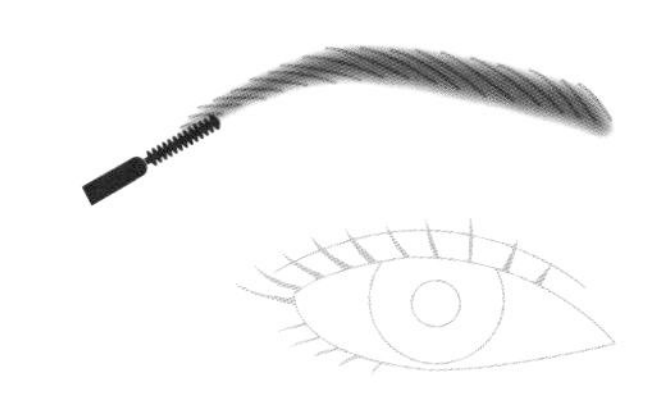

眉毛

不用刻意修眉，将眉形自然展露

选择与眉毛本身颜色相同的眉粉，用眉刷将之均匀刷在眉毛上。刷眉时眉头部分向上刷，中间部分至眉尾处则顺着眉毛生长的方向刷。

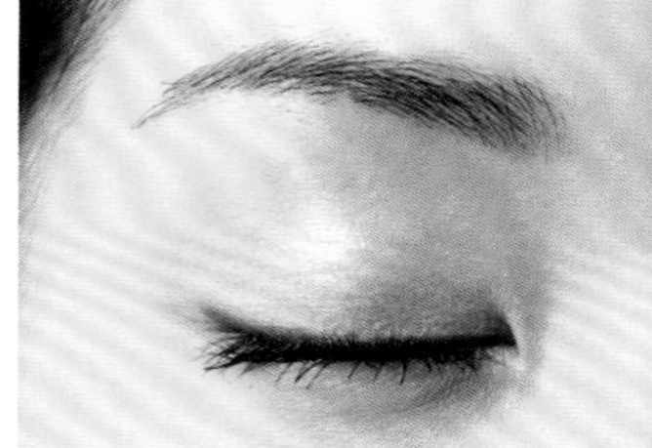

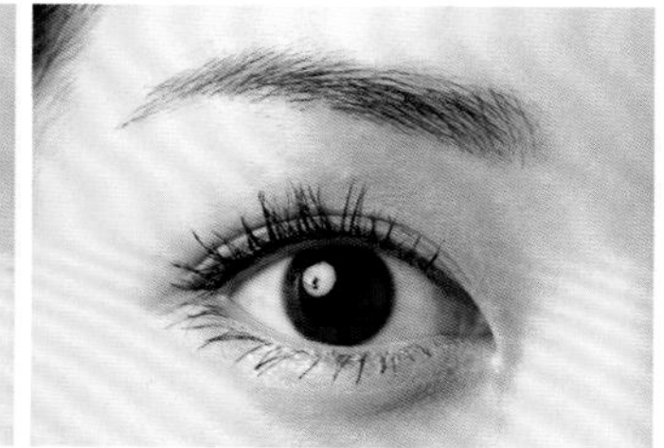

眼影　眼线

绿色的眼影给人安静清新的感觉

❶在眼窝的中间部分画上圆圆的绿色眼影，给人留下可爱的印象。❷将浅绿色的眼影画在整个眼窝处。❸上眼睑距离眼尾1/3处画上细细的深绿色眼影，使眼睛更加立体。❹沿着上下睫毛的根部画上绿色的眼线，将眼白衬托的更加迷人。❺将深棕色的睫毛液轻轻涂在上下睫毛上。

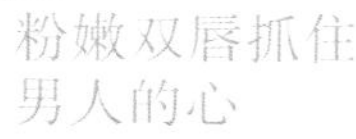

唇部

粉嫩双唇抓住男人的心

在唇部涂上粉色的唇彩，慢慢描画出唇部线条。

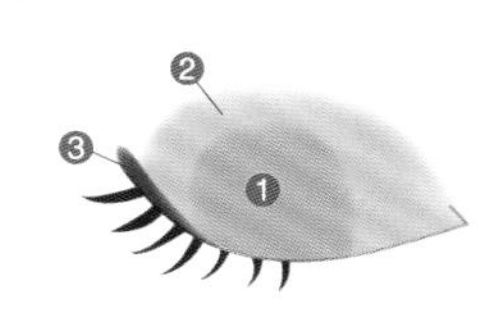

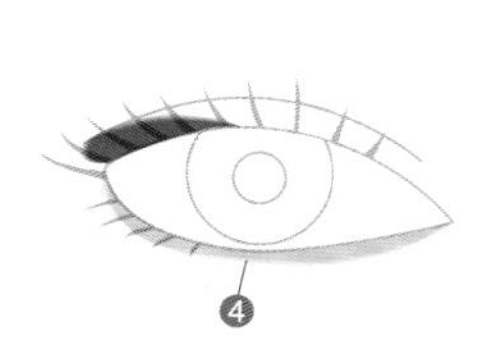

场景：

就在我生日的前两天，相恋两年的男友突然结束了与我的交往。我们已经订婚了，原本应当甜蜜地为结婚做准备，谁知竟成了现在的样子！之后的半年里，我每天过着浑浑噩噩的日子，直到我的朋友实在看不下去，有一天拉着我去相亲。原本只是为了应付朋友，没想到真的遇到了我的Mr Right！整个聚会我光顾着和他说话，根本无暇顾及其他。临别时，我甚至主动把自己的电话号码给了他。

他在一家大公司工作，年龄比我稍大，我觉得他比同龄人显得更加成熟稳重，对我来说他太有吸引力了。但是，他工作很繁忙，很少主动跟我联络。自从那次见面之后，我们两个月只约会了两次。我经常打电话与他畅聊，还问过他对于将来的规划，朋友也说“进行得挺顺利嘛，不要太贪心啦”。虽然维持着良好的关系，但是，对于他被动的表现我还是会感到不安和不满。我暗下决心，一定要让自己变被动为主动，让他为我而着迷。

打造瓷娃娃般肌肤，让色斑暗沉消失不见

坚强独立的熟女妆

瓷娃娃般的完美肌肤，显示出高贵优雅的气质。
知性美与包容力兼具的才女妆容，绝对不容错过。

粉底 脸颊

深浅不同的两种颜色体现出完美的层次感

❶用粉底液为整个脸部打底后，在眼部周围和鼻梁处涂上薄薄的一层粉底霜。❷选择肌肤同色的粉底霜，用化妆海绵自下而上将之均匀涂在脸部，毛孔粗大的部位可以再轻轻地抹上一层粉底霜。❸在脸颊处斜斜地打上珊瑚色的腮红。腮红的位置再鼻翼与眼尾延长线的外侧。

详细步骤参照 P119 化妆课程 D

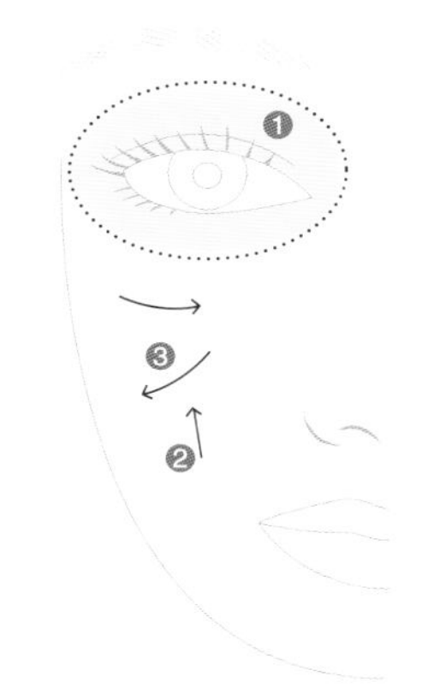

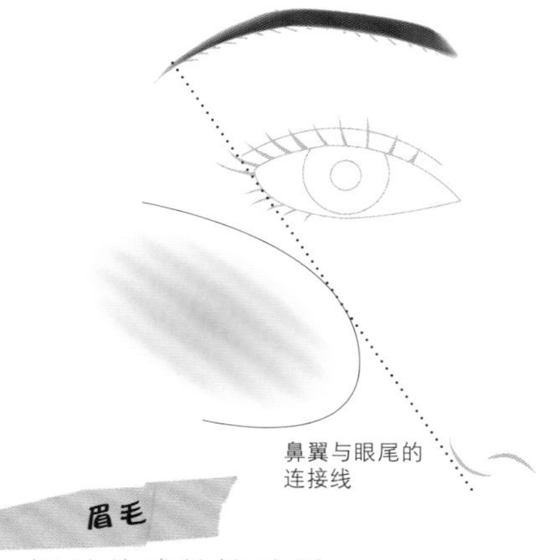

眉毛

极具美感的柳叶眉

❶选择方便描画的液体眉笔。先从眉峰至眉尾描画，将眉尾设定在鼻翼与眼尾的延长线上，描画出细长的眉形。❷接着，描画眉头至眉峰的部分。眉峰处落笔稍重，表现出强烈的决心和意志力。

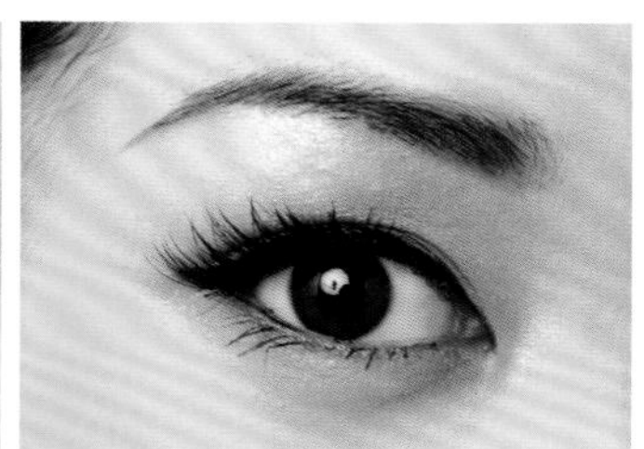

眼影 眼线

熟女眼妆

❶在上眼睑的双眼皮处画上蓝色的眼影。❷在整个眼窝处画上古铜色的眼影。❸从眉下方至眼尾的C型区域内画上白色的眼影，高光会使眼睛更加立体。❹用黑色的眼线笔沿上睫毛根部画上眼线。接着，再用眼线液描上一层眼线，使眼睛更加有神。眼尾处稍稍上扬，超出眼尾1.5cm左右。闪亮的眼线液使眼睛大放光彩。❺睁开眼睛，在内眼角至瞳孔外侧的部分画上黑色的眼线。这样能够使眼睛看上去更加立体有神。❻在下眼睑的瞳孔外侧至眼尾部分画上蓝色的眼影，然后，在睫毛根部画上蓝色的眼线，让眼睛电力十足！

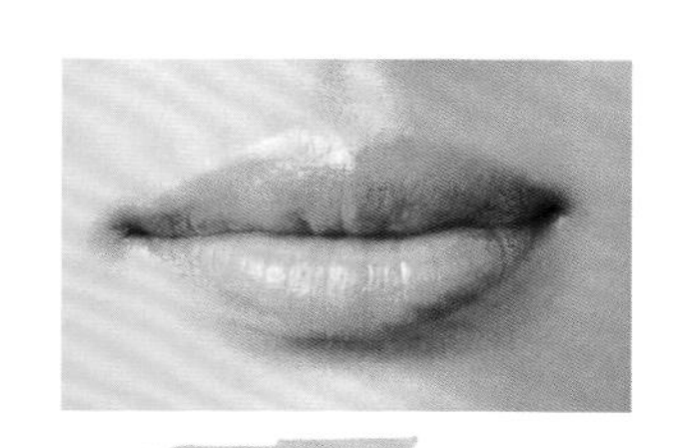

唇部

闪亮动人的唇妆

❶用唇刷将米色系的唇彩沿着唇部轮廓将整个唇部涂满。❷白色的珍珠粉唇笔将唇部线条勾勒出来。

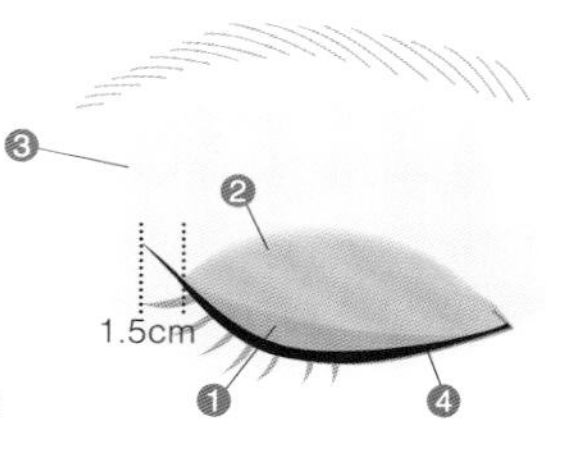

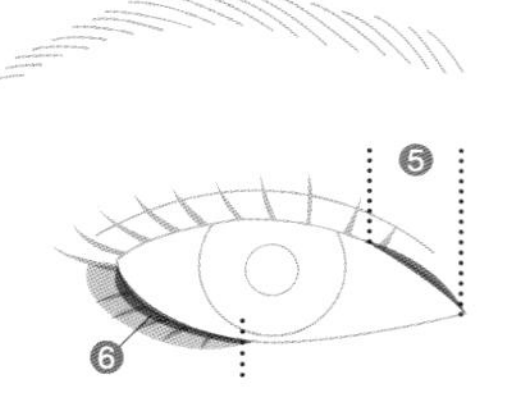

场景：

为了提高在职场中的竞争力，我参加了一个英语会话班。在那里，我认识了年长我5岁的一位青年企业家。他很擅长交际，很会活跃气氛，而且非常好学。我发觉自己喜欢上了他，于是我主动对他展开追求，最终也如愿以偿成为了他的女朋友。

交往以后，我发现他的个性非常自由不受拘束。约会的时候，他从不在意我的意愿，总是沉浸在自己的世界里，不管是吃什么还是去哪里玩，决定权都在他的手里。“不管是工作还是玩乐都要全力以赴”，这是他的信条，我突然发觉在他的世界里根本就没有我的立足之地。迄今为止，我都是围着他团团转。但是，我并不想和他分开。他模样帅气，见多识广，跟他在一起的时候我总是非常开心。我要做的是努力提升改变自己，让我们处于对等的位置。我要努力让任性不羁的他发现我的存在，让他时刻都想跟我在一起。

Lesson A 光泽度很重要，精华粉底让肌肤闪亮一整天

1 将遮瑕膏轻轻点在下眼睑及眼尾处，用无名指指腹轻轻拍打使之均匀晕开。遮瑕膏不宜使用太多，容易形成皱纹。

2 将精华粉底液点在额头、两颊、下颌等四个部位，从脸颊开始将粉底液晕开使之均匀覆盖在脸部，让脸部呈现自然立体的感觉。

3 阴影粉会掩盖肌肤的光泽，所以在眼周及鼻翼轻轻打上少量的阴影粉即可。

Lesson B 少女般的柔滑肌肤

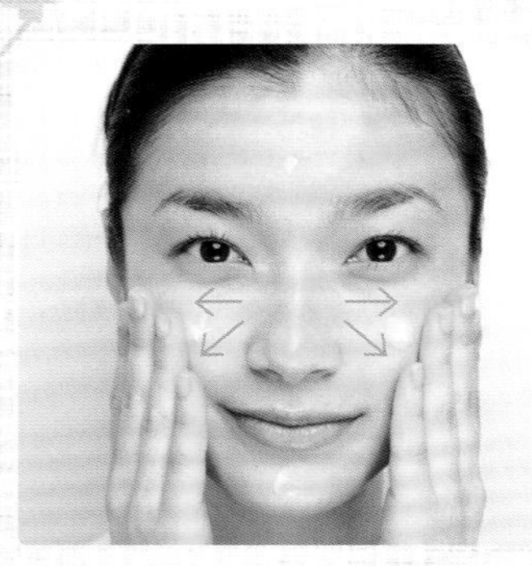

1 选择有闪亮效果的粉底，将之点在额头、双颊、鼻翼及下颌等五个部位，用手掌轻轻晕开涂抹均匀。

2 用腮红刷将阴影打在脸颊处。以脸颊中部为中心画圈使整个脸颊均匀扑上阴影粉。

3 为了给人留下大气的印象，用腮红刷在脸颊处纵向打上腮红。

完美裸妆

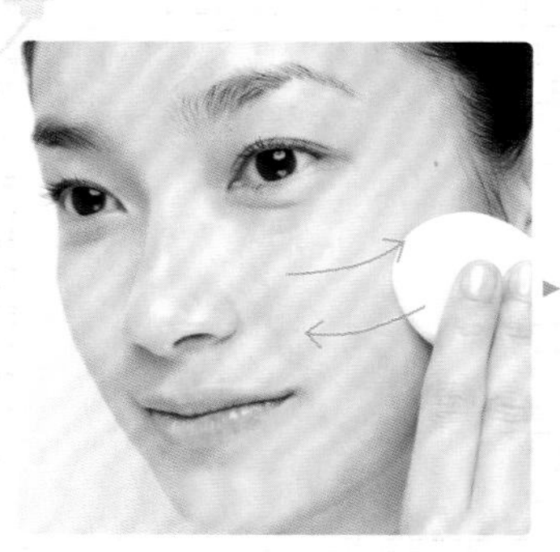

1 用粉底为整个脸部打底后，将粉底液点在脸部的各个位置，用化妆绵从内而外再从外而内将之晕开，均匀涂抹在脸部。

2 用粉扑将阴影粉轻轻扑打在整个脸部。内眼角、鼻翼等地方尤其要细致。

3 在鼻翼与眼尾的连接线外侧打上足量的腮红，将肌肤衬托得更加自然细腻。

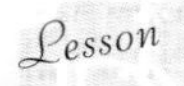

色斑细纹全不见，打造完美肌肤

1 选择颜色稍暗的粉底霜，将之均匀涂抹在整个脸部，接着，在眼周和T形区域涂上亮色的粉底，两种颜色自然过渡。

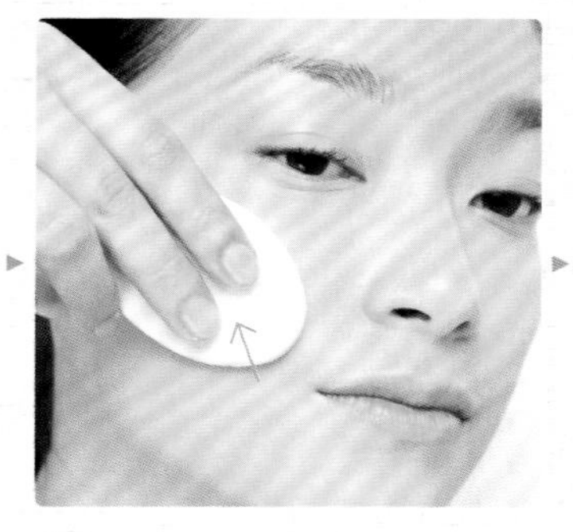

2 用化妆绵从下往上轻轻拍打肌肤，使肌肤更加细腻。

3 按照眼尾、鼻梁到耳下的顺序打上珊瑚色的腮红。大号的腮红刷打上的腮红自然大方，不会留下线条的痕迹，所以使用起来难度不大。

图书在版编目（CIP）数据

TOP明星美妆术：不同场合、时间、地点的化妆技巧 / 日本星尘通讯编辑部编著；王昕昕译. —沈阳：辽宁科学技术出版社，2012.11

ISBN 978-7-5381-7673-5

Ⅰ.①T… Ⅱ.①日…②王… Ⅲ.①化妆—基本知识 Ⅳ.①TS974.1

中国版本图书馆CIP数据核字（2012）第215219号

策划制作：北京书锦缘咨询有限公司（www.booklink.com.cn）
总 策 划：陈 庆
策　　划：米海鹏
设计制作：王 青

出版发行：辽宁科学技术出版社
(地址：沈阳市和平区十一纬路 29 号　邮编：110003)
印 刷 者：北京瑞禾彩色印刷有限公司
经 销 者：各地新华书店
幅面尺寸：170mm × 240mm
印　　张：7.5
字　　数：100千字
出版时间：2012年11月第1版
印刷时间：2012年11月第1次印刷
责任编辑：卢山秀　谨　严
责任校对：合　力

书　　号：ISBN 978-7-5381-7673-5
定　　价：29.80元

联系电话：024-23284376
邮购热线：024-23284502
E-mail: lnkjc@126.com
http: //www.lnkj.com.cn
本书网址：www.lnkj.cn/uri.sh/7673